Elvio Omar Cano

# Modelo para la gestión integrada de los recursos hídricos en cuenca

Elvio Omar Cano

# Modelo para la gestión integrada de los recursos hídricos en cuenca

## Desarrollado en la Cuenca de llanura del río Tapenagá, Provincia del Chaco. Argentina

PUBLICIA

Cover image: www.ingimage.com

Publisher:
PUBLICIA
is a trademark of
International Book Market Service Ltd., member of OmniScriptum Publishing Group
17 Meldrum Street, Beau Bassin 71504, Mauritius

Printed at: see last page
**ISBN: 978-620-2-43166-8**

Zugl. / Aprobado por: Santa Fe, Universidad Nacional del Litoral, Facultad de Ingeniería y Ciencias Hídricas, Tesis Magister, 2014

# *DESARROLLO DE UN MODELO DE ORGANIZACIÓN PARA LA GESTIÓN INTEGRADA DE LOS RECURSOS HÍDRICOS EN LA CUENCA DEL RÍO TAPENAGÁ DE LA PROVINCIA DEL CHACO*

*Elvio Omar Cano*

# INDICE

## DEDICATORIA

Dedicado al ambiente científico y técnico, de los recursos hídricos en general, y en particular al de la incipiente GIRH, que abrió una importante puerta hacia el ordenamiento de lo que parecía encontrarse atorado en un concierto de pujas y peleas sectoriales, con la esperanza que, además de su utilidad, sea generador de nuevas discusiones que contribuyan en forma concreta, al conocimiento científico del manejo integrado de los recursos hídricos en las cuencas.

Sinceramente

# AGRADECIMIENTOS

A la FICH, sus autoridades, docentes, administrativos, y personal no docente, porque encontré en todos, una inmensa vocación de servicio puesta a orientar y resolver prontamente inquietudes y todas las cuestiones que necesitara

A Mario Schreider, mi director, que con mucha claridad permanentemente me ha orientado en el desarrollo del trabajo, haciendo siempre un espacio de tiempo donde aparentemente no lo había

A Alejandro Ruberto, mi codirector, quien además de su minucioso trabajo de orientador, me ha proporcionado muy valiosa información para su desarrollo

A Marta Paris, Docente y Coordinadora de la Maestría, quien mucho más allá de sus funciones, se transformó en una constante motivadora, y siendo la verdadera responsable que todo, se resuelva invariablemente

A los colegas Chaqueños, amigos y ex-compañeros de la Administración Provincial del Agua, que con toda prontitud me proporcionaron la información y documentación que les fui requiriendo

A todos los compañeros de la Maestría, en general provenientes de distintas provincias de nuestra Argentina, con quienes hemos compartido muchas y fecundas horas de estudio, trabajo, y de amena camaradería, y con quienes además de un enriquecedor intercambio de saberes y experiencias, hemos establecidos intensos lazos de amistad

A Carlos Salamanca, antropólogo, investigador del CONICET, quien a título personal, muy amablemente me ha brindado valiosísima información de sus vivencias y trabajos realizados en la colonia aborigen de la cuenca

A Juan B. Millia, quien desde su óptica de abogado, y desde su larga y rica experiencia laboral en la Secretaría de Aguas de la Provincia de Santa Fe, me ha brindado interesantes y oportunas sugerencias

A mi familia, por su enorme comprensión, y por constituirse en el sólido respaldo y sustento, para el logro del objetivo propuesto

A todos, mi infinita Gratitud

# RESUMEN

En la cuenca del río Tapenagá, funcionó durante los años 1982 a 1986, una comisión de productores, denominada COMAS, para el manejo de los recursos agua y suelo, la que se disolvió envuelta en conflictos entre sus mismos integrantes por discrepancias por las obras y acciones que ejecutaban, diversos inconvenientes de tipo administrativo/contable, y totalmente desfinanciada presupuestariamente. Desde entonces a la fecha hubo varios intentos de reflotarla, sin éxito alguno. En este tiempo, el gobierno provincial construyó una extensa red de desagües en la cuenca y coincidentemente, ocurrió una importante sequía, la que originó serias controversias comunitarias hacia la concepción y la existencia de dicha red. A su vez, los distintos sectores de la producción, en función a apuntalar su desarrollo, reclaman una gestión del agua que contemple los intereses de todos los actores.

Esta tesis plantea un modelo de organización de los actores, a partir de las COMAS, introduciendo las modificaciones necesarias, a efectos de incorporar a dichos actores en el marco de un proceso de gestión integrada de los recursos hídricos. Las COMAS se propone que a su vez se agrupen en subcomités, en correspondencia con las subcuencas hidrológicas, y éstos a su vez, conformen el Comité de Cuenca hídrica, en un esquema integrador sostenido en un proceso "abajo hacia arriba". Se plantean fuentes posibles y seguras de financiamiento, y diversas medidas prácticas para su implementación.

***Palabras claves:*** GIRH; identificación de actores; COMAS; Comité de Cuenca Hídrica del Río Tapenagá;

## SUMMARY

A producers commission called COMAS, operated from 1982 to 1986 at the Tapenaga River Basin, for the management of soil and water resources, which finally dissolved due to conflicts between its members because the discrepancies that had to do with the work and actions that were executed, besides many administrative/countable drawbacks, and with no financing administration.

Since then to nowdays there were many attempts in order to try to bring it up with no succeeded at all. At this time the provincial government built a large drainage net at the basin and at the same time, an important drought took place, which caused serious community controversies towards the conception and the existence of such net. Besides, different production sectors that want to support its development, claim for a water management that take into account the needs and interests of all actors.

This thesis propose an actors organization model, from the COMAS, introducing the necessary modifications in order to incorporate such actors in the frame of a management integrated process of hydric resources. COMAS also brings forward to gather them in subcommittees in correspondence to the hydrologic sub basins, and that they at the time establish the Hydric Basin Committee, in a integrated and held "down-up" process. Possible and accurate financial resources are proposed, and a diverse practical measurements policies for its deployment.

**Key words:** GIRH, actors identification, COMAS, Tapenaga River Hydric Basin Committee.

## INDICE DE FIGURAS

# INDICE DE TABLAS

## SIGLAS Y ABREVIATURAS

| | |
|---|---|
| ACRA | Autoridad de Cuenca del Río Azul. Provincias de Chubut y Río Negro. Argentina |
| ACUMAR | Autoridad de Cuenca del Matanza–Riachuelo. Argentina |
| AIC | Autoridad Interjurisdiccional de Cuenca de los Ríos Limay, Neuquén y Negro |
| APA | Administración Provincial del Agua. Provincia del Chaco |
| ASDI | Agencia Sueca para el Desarrollo Internacional |
| ATP | Administración Tributaria Provincial. Provincia del Chaco |
| CATIE | Centro Agronómico Tropical de Investigación y Enseñanza. Costa Rica |
| CBS | Convenio Bajos Submeridionales: Chaco – Santa Fe – Santiago del Estero – Consejo Federal de Inversiones (CFI) |
| CC | Consorcio Caminero |
| CD | Cámara de Diputados de la Provincia del Chaco |
| CEPAL | Comisión Económica para América Latina y El Caribe. Naciones Unidas |
| CFI | Consejo Federal de Inversiones. Línea Tapenagá. Argentina |
| CLIP | Metodología de análisis social (Conflictos-Legitimidad-Interés-Poder) |
| COIRCO | Comisión Interjurisdiccional del Río Colorado. Argentina |
| COMAS | Comisión de Manejo de Agua y Suelo. Provincia del Chaco |
| CONES | Consejo Económico y Social. Provincia del Chaco |
| COREBE | Comisión Regional del Río Bermejo |
| CPSR | Consorcio Productivo de Servicios Rurales. Provincia del Chaco |
| DA | Dirección del Algodón. Ministerio de la Producción. Provincia del Chaco |
| DATyA | Dirección de Apoyo Territorial y Agencias. Ministerio de la Producción. Provincia del Chaco |
| DB | Dirección de Bosques. Ministerio de la Producción. Provincia del Chaco |

| | |
|---|---|
| DdeSF | Cámara de Diputados de la Provincia de Santa Fe |
| DEB | Dirección de Estudios Básicos. Administración Provincial del Agua del Chaco |
| DGI | Departamento General de Irrigación. Provincia de Mendoza |
| DMA | Directiva Marco del Agua. Unión Europea |
| DPA | Departamento Provincial del Agua. Provincia de Río Negro |
| DPAG | Dirección de Producción Animal y Granja |
| DPOHyS | Dirección Provincial de Obras Hídricas y Saneamiento. Provincia de Buenos Aires |
| DVP | Dirección de Vialidad Provincial. Provincia del Chaco |
| EEA | Estación Experimental Agropecuaria. Instituto Nacional de Tecnología Agropecuaria. Argentina |
| ENDEPA | Equipo Nacional de la Pastoral Aborigen. Argentina |
| FICH | Facultad de Ingeniería y Ciencias Hídricas. Santa Fe |
| FODA | Fortalezas / Oportunidades / Debilidades / Amenazas |
| GIRH | Gestión Integrada de los Recursos Hídricos |
| GWP | Global Water Partnership (Asociación Mundial para el Agua) |
| IDACh | Instituto del Aborigen Chaqueño |
| INDEC | Instituto Nacional de Estadísticas y Censos. Argentina |
| INDES | Instituto de Desarrollo Social y Promoción humana. Argentina |
| INTA | Instituto Nacional de Tecnología Agropecuaria. Argentina |
| MP | Ministerio de la Producción. Provincia del Chaco |
| MIySP | Ministerio de Infraestructura y Servicios Públicos. Provincia del Chaco |
| ONGs | Organizaciones No Gubernamentales |
| PDI | Plan de Desarrollo Indígena. Cuenca Tapenagá |
| PROSAP | Programa de los Servicios Agropecuarios Provinciales. Argentina |

| | |
|---|---|
| PSA | Programa Social Agropecuario. Ministerio de Agricultura, Ganadería, Pesca y Alimentos, de la Nación Argentina |
| RIOC | Red Internacional de Organismos de Cuenca |
| SA | Subcuenca Alta. Tapenagá |
| SAGPyA | Secretaría de Agricultura, Ganadería, Pesca y Alimentos. Argentina |
| SAMTAC | Comité Consultivo Técnico para Sudamérica. Asociación Mundial para el Agua |
| SB | Subcuenca Baja. Tapenagá |
| SIIA | Sistema Integrado de Información Agropecuaria. Argentina |
| SM | Subcuenca Media. Tapenagá |
| SRH | Subsecretaría de Recursos Hídricos de la Nación. Argentina |
| SUCCE | Subunidad Central de Coordinación para la Emergencia. Ministerio del Interior. Argentina |
| UCAL | Unión de Cooperativas Algodoneras Limitada |
| UE | Unión Europea |
| UN | Naciones Unidas |
| UNL | Universidad Nacional del Litoral |
| UNNE | Universidad Nacional del Nordeste |
| U$S | Valor de moneda: dólar norteamericano |

# 1. INTRODUCCION

## 1.1. Justificación e importancia

En la década de los años 80, en la provincia del Chaco se conformaron organizaciones de productores y pobladores rurales, que tenían como propósito el manejo del agua y el suelo en sus respectivas jurisdicciones, denominadas: Comisiones de Manejo de Agua y Suelo (COMAS). En la cuenca del río Tapenagá se conformó una de ellas, ubicada en la subcuenca alta, identificada como COMAS 21 - Colonia Bajo Hondo.

Estas organizaciones funcionaron durante tres años, con un fuerte y exclusivo sesgo hacia la construcción de obras hidráulicas de desagües y defensas del área agrícola, en un contexto general caracterizado por recurrentes inundaciones, en el que existían superposiciones de roles institucionales de los organismos estatales que actuaban en la cuenca, y ausencia de planificaciones o programas para el manejo y ordenamiento en el sector hídrico, todo lo cual desembocó finalmente, en un estado de "anarquía hídrica", según expresiones de Raúl Yurkevich[1] funcionario de máximo nivel político del sector por esos años; tal estado de situación de la gestión del recurso no hizo más que profundizar los problemas de anegamientos en el área agrícola que se pretendían resolver, trasladando a la vez, la gravedad del fenómeno hacia aguas abajo.

Esto creó un clima de conflictividad entre los mismos productores vecinos de la subcuenca y también con los pobladores y productores de aguas abajo de la subcuenca

---

[1]Ingeniero Agrónomo Raúl J. Yurkevich, presidente de la Administración Provincial del Agua, organismo hídrico de la provincia del Chaco, durante 1988.

media, en la que se produjeron, además de las pérdidas en el sector productivo y en infraestructura, cortes en caminos rurales, imposibilidad de abastecimiento, suspensión de clases, evacuaciones de asentamientos rurales y enfermedades de origen hídrico.

En la COMAS 21, los conflictos se plantearon también dentro de la organización, ello se tradujo en cuestionamientos centrados en el no cumplimiento de sus objetivos, en la arbitrariedad de sus acciones operativas ante el fenómeno de inundación que afectaba la zona y el desvío y mal manejo de sus fondos. Como consecuencia de este estado de situación, el organismo estatal que lo controlaba por esos años, la Subsecretaría de Recursos Hídricos, dejó de realizar los aportes financieros voluntarios que realizaba y por tanto, la COMAS carente de recursos propios, dejó de existir de hecho.

Con el transcurrir de los años ante la reiteración anual de las inundaciones y sus graves consecuencias, productivas, económicas, sociales y ambientales, el gobierno provincial avanzó en la elaboración de los proyectos de desagües de la cuenca del río Tapenagá y entre los años 2004 a 2006, concretó su construcción. Así fue que se construyeron 135 kilómetros de canales de desagües que toman las canalizaciones existentes en el área agrícola, transportándolas hacia aguas abajo hasta efectuar su descarga en un punto donde el río Tapenagá presenta un cauce definido con capacidad de recibir estos aportes.

Coincidentemente con el inicio de la construcción de las obras de desagüe, temporalmente se ingresó a un período de casi 10 años en los que se produjo una muy marcada sequía en la cuenca, por la cual se secaron esteros y cañadas, se produjo un importante abatimiento de napas, se secaron pozos y fuentes de agua, generando severas restricciones productivas, en cuanto a la superficie de siembra y sus rendimientos, en el sector ganadero con directa mortandad de hacienda, en un contexto donde simultáneamente, se hicieron visibles innumerables problemas por la degradación de los suelos por efectos de la erosión hídrica que se produjo en los años anteriores.

La provincia ha adherido a los Principios Rectores para la Política Hídrica de la Argentina[2], los que si bien no constituyen aún una normativa legal, su objetivo es orientar el accionar de la estructura de administración del sector. Estos principios, en al apartado titulado: Agua y Sociedad – Artículo 12, expresan: *"Alcanzar la plena gobernabilidad del sector hídrico requiere del compromiso y el accionar conjunto de los organismos de gobierno y usuarios del agua para democratizar todas las instancias de la gestión hídrica. La dimensión ética en el manejo de las aguas se logrará incorporando a la gestión diaria la equidad, la participación efectiva, la comunicación, el conocimiento, la transparencia y especialmente la capacidad de respuesta a las necesidades que se planteen en el sector. Ambas, la ética del agua y la gobernabilidad del sector hídrico, se alcanzarán a través del cumplimiento de todos y cada uno de los Principios Rectores aquí enunciados".*

A este efecto, la presente tesis propone desarrollar un modelo de organización de la cuenca que posibilite revertir la situación existente a nivel de las prácticas corrientes en manejo y gestión de los recursos hídricos, las cuales en muchos casos difieren significativamente de los conceptos que se esgrimen en instancias declarativas.

---

[2]Todos los estados federales Argentinos, y el gobierno nacional suscribieron en agosto de 2003, el Acuerdo Federal del Agua, en el que establecieron los Principios Rectores de Política Hídrica para la Argentina

En esta dicotomía existente, entre el estándar deseable y las realidades verificables en campo, confluyen varias cuestiones derivadas de una inadecuada organización en función al cumplimiento de roles participativos de actores, normativas y reglamentaciones sin efectiva aplicación y de un enfoque sectorial en la gestión de los recursos hídricos, entre otros aspectos, que dan como resultado, la situación que se vive, con sucesivos y permanentes reclamos coyunturales sectoriales no resueltos y en una sucesión de conflictos que no encuentran canales de solución que promuevan la cooperación en lugar de la competencia.

A los fines de contribuir a la superación de esta brecha de desarrollo, adquiere importancia formular un esquema de gestión para el desarrollo eficiente, equitativo y sostenible de los recursos hídricos de la cuenca del río Tapenagá, sustentado en los principios de la Gestión Integrada de los Recursos Hídricos (GIRH), que contemple adecuadamente la dinámica de la interrelación entre el entorno (sistema natural), y sus actores (sistema social) Falkenmark (2003).

## 1.2. Objetivos

### *1.2.1. Objetivo general*

- ✓ Formular un modelo de organización sustentado en los principios de la GIRH, para el desarrollo eficiente, equitativo y sustentable de los recursos hídricos en la cuenca del río Tapenagá.

### *1.2.2. Objetivos específicos*

- ✓ Definir los encuadres legales, administrativos, institucionales, políticos, y socioproductivos, del contexto en que se encuentra la cuenca.
- ✓ Definir pautas básicas a las que debiera responder el modelo de organización de la cuenca.
- ✓ Formular el modelo de organización.
- ✓ Brindar los lineamientos generales para su implementación en el marco de la normativa vigente en la provincia.

## 2. MARCO CONCEPTUAL DE LA GIRH

El presente trabajo de investigación incursiona en el desarrollo de un modelo de organización de los actores para la gestión integrada de los recursos hídricos en la cuenca del río Tapenagá y según la Asociación Mundial para el Agua (GWP, 2000), la definición más aceptada acerca de qué significa la gestión integrada de los recursos hídricos, es la siguiente:

"La Gestión Integrada de los Recursos Hídricos se puede definir como un proceso que promueve la gestión y el desarrollo coordinados del agua, la tierra y los recursos relacionados, con el fin de maximizar el bienestar social y económico resultante de manera equitativa, sin comprometer la sostenibilidad de los ecosistemas vitales".

Expresa Pochat (2008) que aportes complementarios a este concepto señalan que la GIRH implica una mayor coordinación en el desarrollo y gestión de, tierras, aguas superficiales y subterráneas, cuencas fluviales, y, entornos costeros y marinos adyacentes, e intereses aguas arriba y aguas abajo, es decir, no se limita únicamente a la gestión de los recursos físicos, sino que se involucra también a los sistemas sociales, con el fin de habilitar a la población para que los beneficios derivados de dichos recursos reviertan equitativamente en ella; siendo el agua el recurso vital para la existencia de vida, se transforma en el elemento integrador de cualquier proceso de gestión en la cuenca, y en consecuencia, las cuencas hidrográficas se constituyen necesariamente en la unidad de planificación.

La conceptualización de la GIRH tiene un antecedente valioso en la Conferencia Internacional sobre el Agua y el Medio Ambiente celebrada en Dublín en 1992, donde se establecieron los cuatro principios básicos que la sostienen (GWP, 2000) :

1. ***El agua es un recurso finito y vulnerable, esencial para sostener la vida, el desarrollo y el medio ambiente.***

En este principio, debe entenderse, Finito: si bien la cantidad global de agua en el planeta es prácticamente constante, las actividades antrópicas y de ciertos eventos naturales degradan su condición de recurso, y, Vulnerable: frente a nuestras acciones; susceptible de ser afectado adversamente.

Dado que el agua es sostén de vida, una eficaz gestión de ésta requiere un planteamiento holístico, así como la vinculación del desarrollo socioeconómico a la protección de los ecosistemas naturales. Una administración efectiva ha de vincular los usos de los terrenos y las aguas en el conjunto de una cuenca hidrográfica o acuífero subterráneo.

2. ***El aprovechamiento y la gestión del agua debe inspirarse en un planteamiento basado en la participación de los usuarios, los planificadores y los responsables de las decisiones a todos los niveles.***

Este principio tiene su fundamento en que el agua, todos estamos interesados, sobre el cual ejercemos algún tipo de influencia y por tanto resulta necesaria la participación. Por tanto, una propuesta participativa es el mejor medio para lograr consenso y acuerdos comunes a largo plazo.

El enfoque participativo conlleva una sensibilización acerca de la importancia del agua tanto entre los gestores, como en la opinión pública. Significa que las decisiones a tomar, deben adoptarse a partir de su consideración en el nivel más bajo posible, a partir de consultas públicas y la participación de los usuarios en la planificación y aplicación de los proyectos hidrológico - hidráulicos.

Plantea que la solución de los problemas debe ser encarada abarcando participativamente a cada uno de los actores vinculados al agua, reconociendo el rol que cada uno cumple en la sociedad. Todos somos diferentes (jóvenes, niños, adultos, ancianos, hombres, mujeres, ricos, pobres, población rural, población urbana, etc.) y consecuentemente, tenemos diferentes necesidades y percepciones sobre el agua. Esto debe ser reconocido por los planes de gestión, de otro modo serán acciones condenadas al fracaso.

Por lo tanto, se deben diseñar y crear espacios para la participación efectiva, trascendiendo la instancia de la consulta y garantizar que las medidas y estrategias sean el resultado del consenso de las expresiones.

3. ***La mujer desempeña un papel fundamental en el abastecimiento, la gestión y la protección del agua.***

Este principio resalta la cuestión de género en cuanto al recurso. Desde el hogar, la mujer es la primera constructora de los valores en relación al agua: nuestros hábitos de higiene, limpieza, de alimentación, de comportamiento social, etc. También en muchos casos, es quien se ocupa de garantizar el suministro de agua para la familia desde una canilla pública o una perforación compartida, en otros casos, la encargada de su suministro para las tareas agropecuarias (Paris, 2008).

Ha sido reconocido ampliamente el papel clave de las mujeres, sin embargo ejercen funciones de menor influencia que los hombres en la gestión, análisis de los problemas y procesos de toma de decisiones relacionados con el recurso hídrico y mucho menos aún, reflejado en los proyectos institucionales y en las estructuras organizacionales (Wolansky, 2009).

Solórzano B. et al (2009) coinciden con Paris (2009) en cuanto a que, en general, la aceptación y puesta en práctica de este principio precisa de la adopción de políticas o medidas positivas, destinadas a satisfacer las necesidades específicas de la mujer, al objeto de habilitarlas y capacitarlas para su participación a todos los niveles en los programas de recursos hídricos, incluyendo los procesos de toma de decisiones y aplicación, de acuerdo a las formas definidas por ellas. Ejemplo de estas políticas positivas pueden ser: la celebración del día de la mujer; la obligatoriedad de su participación en todas listas que concurrirán a elecciones; la exigencia que en los organismos de gobierno haya un número mínimo de cargos para las mujeres.

4. ***El agua tiene un valor económico en todos sus diversos usos en competencia a los que se destina y debería reconocérsele como un bien económico.***

Aunque muchas veces discutido, este cuarto principio plantea un tema inevitable en la gestión del agua: el agua tiene valor como bien económico y además como bien social. Dentro de este principio, resulta fundamental reconocer en primer lugar, el derecho básico de todos los seres humanos a disponer de agua pura y de servicios de saneamiento a un precio asequible.

El no reconocimiento del valor económico del agua en el pasado ha dado lugar al despilfarro de este recurso y a usos perjudiciales desde el punto de vista medioambiental. Está claro que no toda el agua del planeta es un recurso, ni tampoco puede serlo el agua que nos rodea. El agua como recurso, tiene valor y su deterioro un costo.

Se ratifica el concepto: valor y precio, son cosas diferentes. El valor del agua en los usos alternativos es importante para la distribución racional del agua como un recurso escaso, sea por medios regulatorios o económicos. El cobro (o no cobro) de un precio, por el agua es la aplicación de un instrumento económico para apoyar a grupos en desventaja, afectar el comportamiento hacia la conservación y el uso eficiente del agua, proveer incentivos para el manejo de la demanda, asegurar la recuperación de costos y detectar la disposición de los consumidores para pagar con el fin de lograr inversiones adicionales en los servicios de agua.

El tratamiento del agua como un bien económico es un medio importante para la toma de decisiones sobre la distribución del agua entre los distintos sectores que utilizan el recurso y entre los diferentes usos dentro de cada sector.

Para la GWP (2009), la GIRH es una herramienta flexible para el abordaje de los desafíos relacionados con el agua, que busca optimizar la contribución de este recurso en el camino del desarrollo sostenible. Lograr la gestión sostenible del agua, supone la convergencia de diversos factores y criterios que se interrelacionan e interactúan entre sí.

Señala que el enfoque integrado coordina la gestión de los recursos hídricos con todos los sectores y grupos de interés y a diferentes escalas, desde la local a la internacional. Pone énfasis en la participación en los procesos nacionales de formulación de leyes y políticas, en busca de buena gobernabilidad, creando acuerdos normativos e institucionales efectivos que permitan la toma de decisiones más equitativas y sostenibles. Toda una gama de herramientas, tales como evaluaciones sociales y ambientales, instrumentos económicos, y sistemas de información y monitoreo, respaldan este proceso.

En este marco, señala la GWP (2000), citado por Paris (2008), se reconoce que el agua es un bien: Ambiental, Económico y Social y por tanto, debe existir un adecuado marco general para el proceso de GIRH, tal que se logre sostenibilidad ambiental, eficiencia económica y equidad social.

Para que esto sea posible, se deben procurar estas tres componentes esenciales:

• ***Contar con un ambiente propicio que de marco y punto de partida a la gestión***. El que será construido por políticas, legislación, foros y mecanismos de participación que faciliten el diálogo transectorial, que promueva el criterio "abajo-arriba", con cooperación internacional que provea métodos, casos de estudio, recursos económicos, lecciones aprendidas o logro de acuerdos internacionales, en el entendimiento para el uso y protección de los recursos de agua, el involucramiento del sector privado directa o indirectamente vinculado al agua, disponiendo incluso de mecanismos de negociación y resolución de conflictos, etc.

• ***Contar con roles institucionales claramente definidos***. Según su escala, su nivel de acción y el sector, pero con una visión integrada que permita coordinar y optimizar los esfuerzos y que rompa con fronteras inadecuadas para la gestión del agua. Con instituciones fortalecidas, con equipamientos, recursos económicos, planes de acción y recursos humanos capacitados técnicamente, y con una mentalidad amplia y visión integradora, capaces de entender comprensivamente los problemas relacionados al agua.

• ***Adaptar o crear los instrumentos de gestión necesarios*** (legales, económicos, institucionales, educativos, etc.) apropiados en términos de adecuación, factibilidad y aceptación; es decir basadas en un diagnóstico apropiado del sistema ambiental (natural y social), su contexto organizacional o institucional, legal y político y de los problemas a resolver (planificación, contaminación, explotación intensiva, ecosistemas en peligro, abastecimiento, saneamiento, inundaciones, etc.); apropiadas en el sentido de la factibilidad de implementación, es decir practicables, flexibles y dinámicas y también apropiadas en el sentido de que el sistema social debería aceptarlas, adoptarlas, hacerlas propia.

Paris (2008) señala que la GIRH es un reto para las prácticas, actitudes y conocimientos profesionales convencionales; que confronta los intereses sectoriales entrelazados y requiere que el recurso hídrico sea gestionado holísticamente para el beneficio de todos.

Advierte que, en el contexto general señalado y ante el tenor de los problemas a resolver, afrontar el reto que plantea la GIRH no es una tarea fácil, pero es "vital que se inicie ahora para prevenir la crisis inminente".

El Acuerdo Federal del Agua de la República Argentina, en el contexto del Consejo Hídrico Federal (COHIFE), que integran los estados federales y la Subsecretaría de Recursos Hídricos de la Nación (SRH), establece los "Principios Rectores de Política Hídrica" (COHIFE, 2003). En dicho acuerdo federal se manifiesta que durante los últimos años la sociedad argentina tomó conciencia de la vulnerabilidad y deterioro de la gestión de sus recursos hídricos, dándole la motivación para corregir dicho rumbo. Se coincidió en que el primer paso en esa dirección era acordar una definición de la "visión", que conduzca a garantizar una gestión eficiente y sustentable de los recursos hídricos para todo el país.

Con tal fin, se realizaron talleres de discusión y consenso, (uno en cada provincia), y luego 5 talleres regionales en grupos de cinco provincias, en los que las provincias argentinas convocaron a los sectores vinculados con el uso, gestión y protección de sus recursos hídricos, Como resultado de los talleres, en los que intervinieron más de 3 mil participantes que aportaron sus conocimientos y experiencias, se sucedieron distintos borradores de un documento sobre los Principios Rectores de la Política Hídrica (PRPH), hasta concluir en un documento preliminar que fue suscripto por 23 provincias en el "Primer Encuentro Nacional de Política Hídrica", celebrado en diciembre del 2002. Dicho documento buscó establecer la visión que indique "qué es el agua para nosotros" y al mismo tiempo señale la forma de utilizarla como "motor de nuestro desarrollo sostenible".

Finalmente, en dicha visión se define que el aprovechamiento y la gestión de los recursos hídricos, debe realizarse armonizando los aspectos "sociales", "económicos" y "ambientales" con los que nuestra sociedad identifica al agua. Se reconoce que la única forma de lograr utilizar sustentablemente el agua en beneficio de toda la sociedad provendrá de encontrar el balance justo en la aplicación de estos tres "faros" que deben guiar la política hídrica.

Se expresa en el mismo que, como corolario del esfuerzo mancomunado de todas las jurisdicciones en definir Principios Rectores de Política Hídrica, se ha logrado definir una visión que, respetando las raíces históricas y costumbres culturales de cada jurisdicción, conjuga los intereses provinciales, regionales y nacional, en una gestión integrada de los recursos hídricos, en el entendimiento que del manejo inteligente, armonioso y sustentable de las aguas, depende la vida y la prosperidad del país.

En el año 2010 mediante la sanción de una Ley por parte de la Cámara de Diputados (CD), la provincia adhiere a los Principios Rectores de Política Hídrica (CD, 2012).

# 3. DESCRIPCION DEL ÁREA DE ESTUDIO

## 3.1. Ubicación y descripción general

La cuenca hídrica del río Tapenagá, se encuentra en el contexto de la región denominada Gran Chaco Argentino, la que por su extensión se la clasifica como la segunda ecoregión de Sudamérica luego de Amazonia (Bareiro et al, 2004), dentro de la cual se ubica en la subregión climatológica denominada: oriental, de característica húmeda, que también es conocida como la del Chaco de esteros, cañadas y de selvas de ribera (Bruniard, 1978).

Se ubica en el centro-sur de la provincia del Chaco, sus coordenadas geográficas son: en la cabecera superior de la cuenca hídrica activa 26°33´lat.sur, y 60°38´long.oeste; y, aguas abajo en su desembocadura en el valle de inundación del río Paraná 28°04´lat.sur, y 59°09´long.oeste.

Se orienta en sentido noroeste-sureste (Valiente, 2004) con un desarrollo longitudinal de 230 km. entre sus extremos; su superficie total es de 4.886,56 $km^2$; presenta una forma alargada del tipo de embudo suave, decreciente en el sentido del escurrimiento superficial, como puede apreciarse en la figura 3.1, donde se presenta su ubicación geográfica.

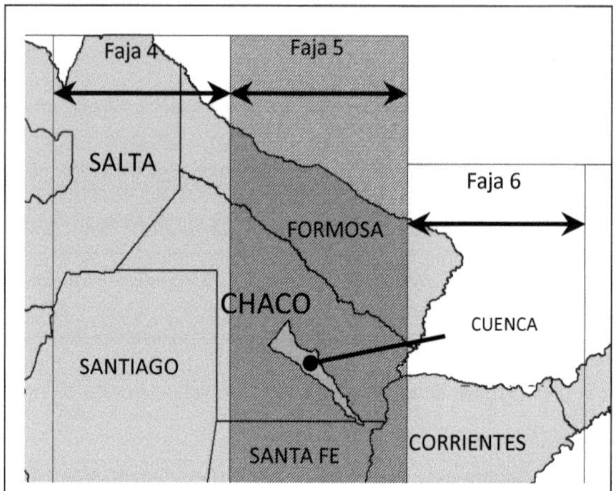


Figura 3.1.Ubicación geográfica de la cuenca del río Tapenagá con la delimitación del sistema de coordenadas Gauss–Krügger. Tomado de Valiente (2004)

En su tramo final de aguas abajo, ingresa en territorio de la jurisdicción de la provincia de Santa Fe, en un recorrido total de 19 kilómetros en el que en sus últimos 8, finalmente efectúa su desembocadura en el valle de inundación del Paraná, geomorfológicamente denominado llanura aluvial; es un ambiente topográficamente más bajo, que constituye una faja inundable compleja de gran tamaño, compuesta por bancos elípticos de arena fina, faja donde corren cauces secundarios activos de tipo meándricos, que han desarrollado llanuras de meandros (Iriondo, 2000).

### 3.2. División política y poblacional

Se presenta la tabla 3.1, en el que se agrupan según la jurisdicción política, los valores de superficies y longitud de la cuenca, en valores absolutos y porcentajes.

Tabla 3.1. Superficies y longitudes de la cuenca según el territorio

| Territorio | *L (km)* | *L (%)* | *S (km²)* | *S (%)* |
|---|---|---|---|---|
| *Chaco* | *211* | *91,7* | *4.754,54* | *97,3* |
| *Santa Fe* | *11* | *4,8* | *132,02* | *2,7* |
| *Valleinundación* | *8* | *3,5* | ---- | ---- |
| Totales | *230* | *100* | *4.886,56* | *100* |

Referencias = L: longitud; S: superficie;

En la Figura 3.2 se pueden apreciar los departamentos catastrales que abarca la cuenca en la provincia del Chaco, señalándose que en la provincia de Santa Fe, se desarrolla en el extremo noreste del departamento General Obligado.

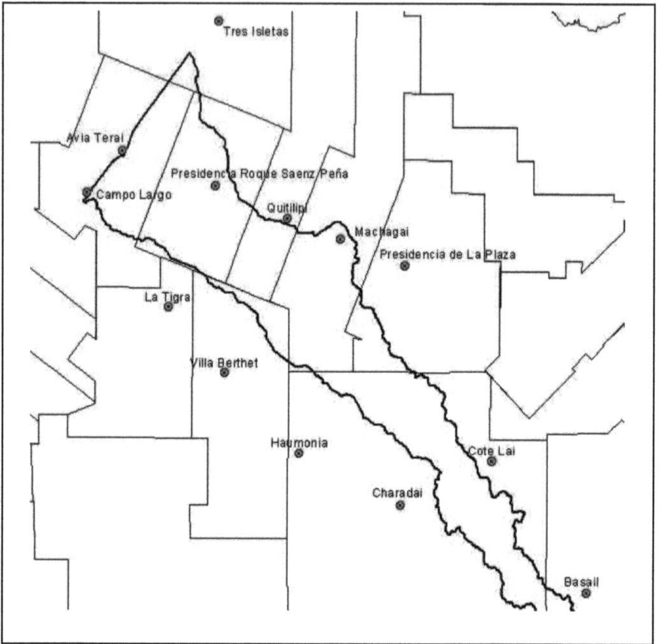

Figura 3.2. Departamentos que abarca la cuenca y principales localidades en el área

En la tabla 3.2, se presentan los departamentos que atraviesa la cuenca, su densidad poblacional en cantidad de habitantes por kilómetros cuadrados según datos del Instituto Nacional de Estadísticas y Censos (INDEC), y las respectivas localidades que ejercen la función administrativa de cabecera departamental.

Tabla 3.2. Departamentos de la cuenca y su densidad poblacional

| N° | Provincia | Departamento | Densidad poblacional (hab/km$^2$) | Localidad cabecera |
|---|---|---|---|---|
| 1 | Chaco | Independencia | 12,01 | Campo Largo |
| 2 | Chaco | Maipú | 8,7 | Tres Isletas |
| 3 | Chaco | Cdte. Fernández | 58,8 | R. Saenz Peña |
| 4 | Chaco | Quitilipi | 22,08 | Quitilipi |
| 5 | Chaco | 25 de Mayo | 12,43 | Machagai |
| 6 | Chaco | Pcia. de La Plaza | 5,4 | Pcia. de La Plaza |
| 7 | Chaco | San Lorenzo | 6,7 | Villa Berthet |
| 8 | Chaco | Tapenagá | 0,7 | Charadai |
| 9 | Chaco | San Fernando | 104,8 | Resistencia |
| 10 | Santa Fe | Gral. Obligado | 15,23 | Reconquista |

Fuente: Censo nacional de población y viviendas (INDEC, 2012)

En la Tabla 3.3, se presentan las localidades y poblaciones que pertenecen a la cuenca, el tipo de urbanización que presentan, y la cantidad de habitantes que poseen

Tabla 3.3. Localidades de la cuenca por provincia, tipo de urbanización y población

| N° | Provincia | Localidad | Tipo | Población (habitantes) |
|---|---|---|---|---|
| 1 | Chaco | Napenay | Urbana | 1.960 |
| 2 | Chaco | Saenz Peña | Urbana | 76.794 |
| 3 | Chaco | Machagai | Urbana | 18.346 |
| 4 | Chaco | Cnia. aborigen Chaco | Rural | 4.250 |
| 5 | Chaco | Horquilla | Rural | 151 |
| 6 | Chaco | Estac. Tapenagá | Rural | 123 |
| 7 | Chaco | Basail | Urbana | 1.960 |
| 8 | Santa Fe | Florencia | Urbana | 7.219 |

Fuente: (INDEC, 2012; Bareiro, 2004)

## 3.3. Rasgos fisiográficos

En la figura 3.3, se presenta el mapa Fisiográfico, donde se aprecia la distribución geográfica de los ambientes, en la cuenca.

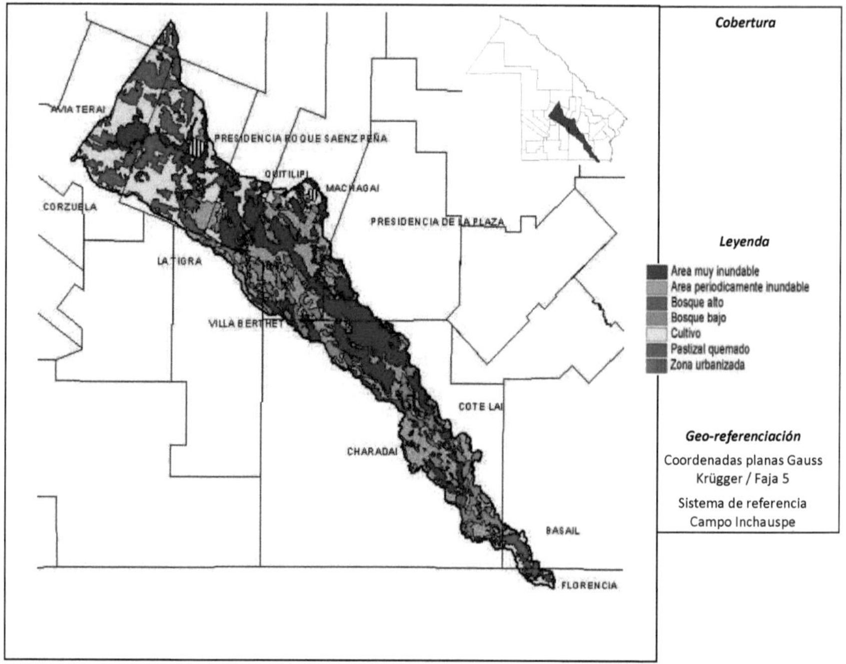


Figura 3.3. Mapa fisiográfico de la cuenca. Tomado de Valiente (2004)

Bareiro et al (2004), han cuantificado estos ambientes, los que se presentan en la Tabla 3.4, con sus respectivas superficies y sus porcentajes de ocupación correspondientes.

Tabla 3.4. Ambientes fisiográficos con sus superficies y porcentajes

<table>
<tr><th>N°</th><th>Ambiente fisiográfico</th><th>Superficie (km²)</th><th>Porcentaje (%)</th><th>Agrupamiento (%)</th></tr>
<tr><td>1</td><td>Pajonales muy inundables</td><td>1.337,33</td><td>27,37</td><td rowspan="2">47,67</td></tr>
<tr><td>2</td><td>Pajonales periódicamente inundables</td><td>1.009,63</td><td>20,30</td></tr>
<tr><td>3</td><td>Zonas cultivadas</td><td>991,37</td><td>20,29</td><td>20,29</td></tr>
<tr><td>4</td><td>Bosque alto</td><td>779,97</td><td>15,96</td><td rowspan="2">30,77</td></tr>
<tr><td>5</td><td>Bosque bajo</td><td>723,46</td><td>14,81</td></tr>
<tr><td>6</td><td>Pastizales</td><td>17,49</td><td>0,36</td><td>0,36</td></tr>
<tr><td>7</td><td>Áreas urbanizadas</td><td>44,78</td><td>0,92</td><td>0,92</td></tr>
<tr><td></td><td>Totales</td><td>4.886,56</td><td>100,00</td><td>100,00</td></tr>
</table>

Fuente: (Bareiro et. al, 2004)

### 3.4. Morfología e hidrodinámica superficial

Considerando aspectos morfológicos y de hidrodinámica de los escurrimientos superficiales, se diferencian tres subcuencas: Subcuenca Alta (SA), Subcuenca Media (SM) y Subcuenca Baja (SB), cuyas subdivisiones se encuentran materializadas en el terreno por el trazado de las rutas provinciales en el área (Valiente, 2004).

En la Figura 3.4 se presenta, la división geográfica de las subcuencas del río Tapenagá

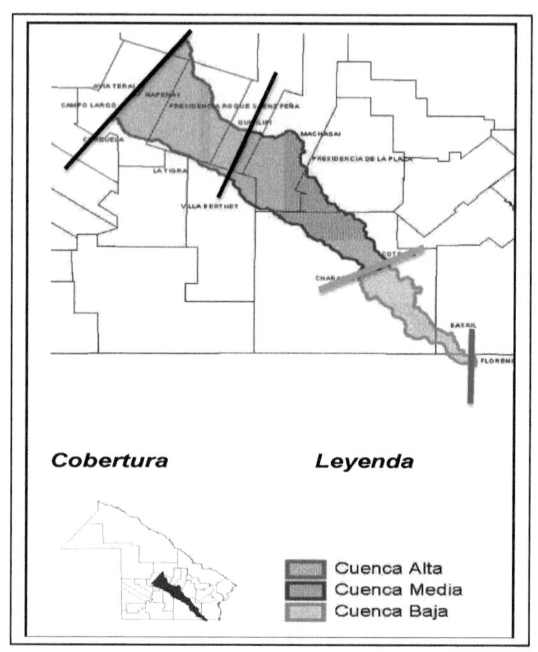


Figura 3.4. División de subcuencas del río Tapenagá.
Tomado de Valiente (2004)

La SA, cabecera hidrológica de la cuenca, ubicada en el centro de la provincia, se extiende entre, la ruta nacional n° 89 y parte de la ruta provincial n° 27, que pasan por AviaTerai, en el extremo noroeste, hacia aguas abajo hasta la ruta provincial n° 4, que une las localidades de Quitilipi y Villa Berthet, constituyendo su límite sur (en la figura se identifican en color negro).

La SM se extiende desde la ruta provincial n° 4, como límite norte, hacia aguas abajo en dirección sudoeste hasta la ruta provincial n° 13, en el tramo que une las localidades de Cote Lai y Charadai, constituyendo su límite sur (en la figura se identifica en color naranja).

La SB se extiende desde la ruta provincial n° 13, como límite norte, hacia aguas abajo en dirección sudoeste, hasta la ruta nacional n° 11, la que prácticamente constituye su límite sur, ya que a 3 km hacia aguas abajo de la misma se produce su ingreso al valle de inundación del Paraná (en la figura se identifica en color rojo).

Se presenta la tabla 3.5, con las superficies correspondientes a cada subcuenca y el porcentaje de participación que le corresponde sobre el total de la superficie de la cuenca.

Tabla 3.5. Superficies y porcentajes de cada subcuenca

| Subcuenca | Superficie *(hectáreas)* | Porcentajes *(%)* |
|---|---|---|
| *Alta* | *197.121,83* | *40,3* |
| *Media* | *207.995,74* | *42,6* |
| *Baja* | *83.538,43* | *17,1* |
| *Totales* | *488.656* | *100* |

Fuente: (Bareiro et. al, 2004)

Bareiro, et al (2004), describen las características generales de las tres subcuencas de la siguiente manera:

La SA presenta áreas cultivadas que alcanzan un valor de 86.581,06 hectáreas, lo que significa el 87,3% del total de la superficie cultivada en la cuenca; el área es una llanura con paleocauces (zanjones naturales de escurrimientos superficiales) de rumbo Noroeste-Sudeste, los que, ingresando a la SM, la baja pendiente topográfica existente hace que vayan perdiendo profundidad, y aumentando en ancho, hasta que finalmente quedan integrados al sistema como esteros.

La SM, se caracteriza por la presencia dominante de esteros, depresiones y cañadas; el escurrimiento se tipifica como de esteros asociados a cañadas con un claro comportamiento mantiforme; son suelos de baja permeabilidad; presenta un área de transición hacia la cuenca baja, comprendida en la región esteros, cañadas y selvas de ribera;

La SB, comprende dos sectores, uno superior, caracterizado por la presencia de cauces de escurrimiento superficial definidos, y, el segundo sector del tramo final, previo al ingreso al valle de inundación del Paraná.

Bareiro, et al (2004), cuantificaron la presencia de los ambientes fisiográficos identificados, en cada una de las subcuencas, cuyos resultados se presentan en la Tabla 3.6, en el que se expresan los valores en porcentajes, para cada subcuenca

Tabla 3.6. Participación en porcentaje de los ambientes fisiográficos en cada subcuenca

| Subcuenca | Bosque alto (%) | Bosque bajo (%) | Pajonales periódicamente Inundables (%) | Pajonales muy inundables (%) | Zonas cultivadas (%) | Zonas urbanizadas (%) | Totales (%) |
|---|---|---|---|---|---|---|---|
| **Alta** | *30.28* | *2.78* | *5.03* | *16.24* | *43.92* | *1.75* | *100* |
| **Media** | *4.70* | *20.20* | *27.85* | *43.45* | *3.34* | *0.46* | *100* |
| **Baja** | *10.22* | *29.75* | *39.65* | *13.57* | *6.72* | *0.09* | *100* |

Fuente: Bareiro, et. al (2004)

### 3.5. Potencialidad agropecuaria de los suelos

La capacidad de uso potencial de los suelos de la cuenca, revela que los suelos con posibilidad de cultivo suman 200.000 hectáreas (Bareiro et al, 2004).

Se presenta la figura 3.5, con el mapa capacidad de uso de los suelos para los departamentos que componen las subcuencas alta y media, y a continuación, la Figura 3.6, con el mapa de capacidad de uso de los suelos, para el departamento Tapenagá de la provincia del Chaco y el departamento General Obligado en la provincia de Santa Fe, ambos integrantes de la cuenca baja, tomados de Valiente (2004), quien señala que en la Figura 3.6. el límite final de la cuenca se lo tomó en correspondencia con el trazado de la ruta Nacional 11 en Florencia, ya que inmediatamente aguas abajo se produce el ingreso al valle de inundación del Paraná.

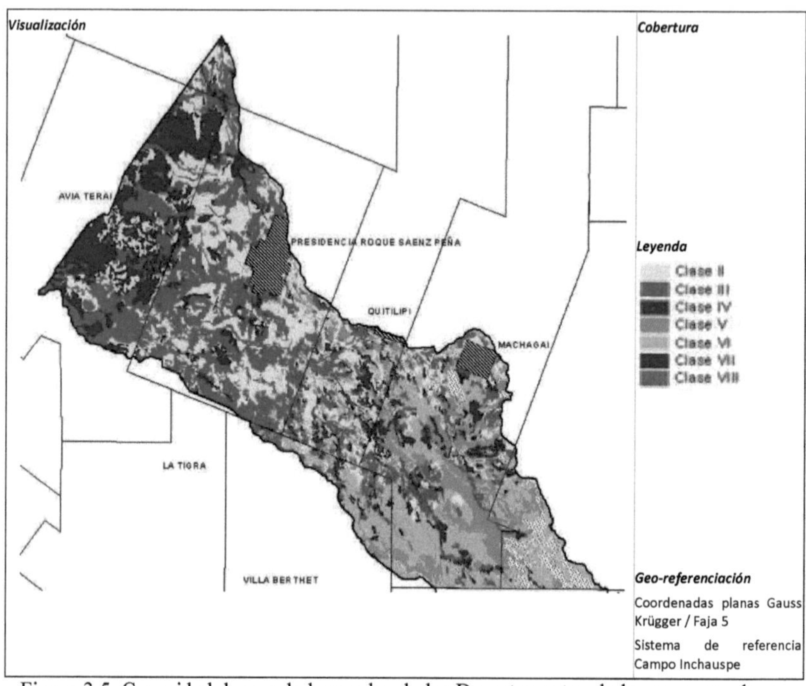


Figura 3.5. Capacidad de uso de los suelos de los Departamentos de las cuencas, alta y media. Tomado de Valiente (2004)

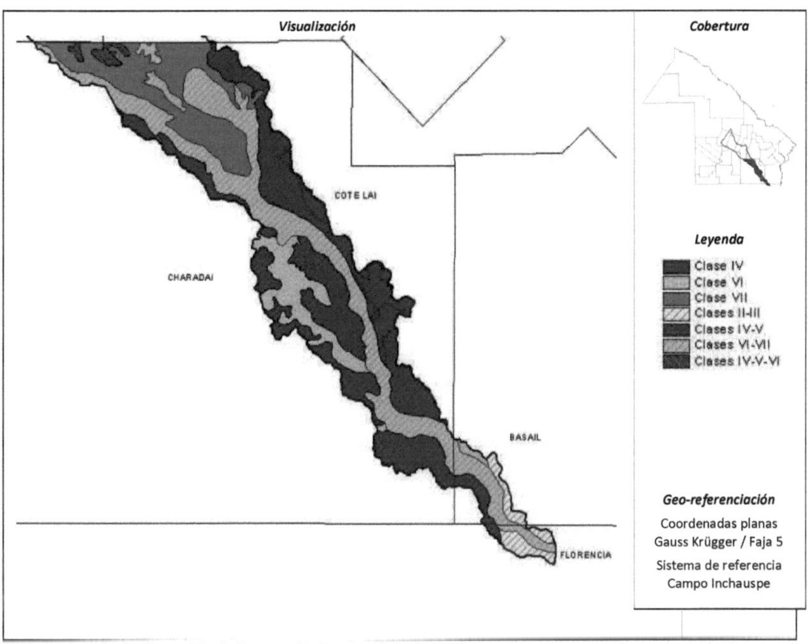


Figura 3.6. Capacidad de uso de los suelos de los Departamentos de la cuenca baja. Tomado de Valiente (2004)

## 3.6. Características pluviométricas

### *3.6.1. Régimen pluviométrico de la cuenca*

Las lluvias se incrementan, desde su cabecera en el extremo noroeste de la cuenca donde se registran los menores valores (valores totales anuales de precipitaciones en el orden de 800 a 900 milímetros), hacia el cardinal sureste, aguas abajo de la cuenca, hasta la zona final en su desembocadura en el valle aluvial del Paraná, en el otro extremo, donde se registran los mayores valores de precipitaciones, las que se ubican en el orden de 1.200 a 1.300 milímetros anuales (APA, 2010).

En la Figura 3.7 se presenta el mapa con las isohietas medias anuales en la cuenca del Tapenagá sobre la base de los registros pluviométricos, que presentan al año 2010 un récord de 54 años de mediciones continuas.

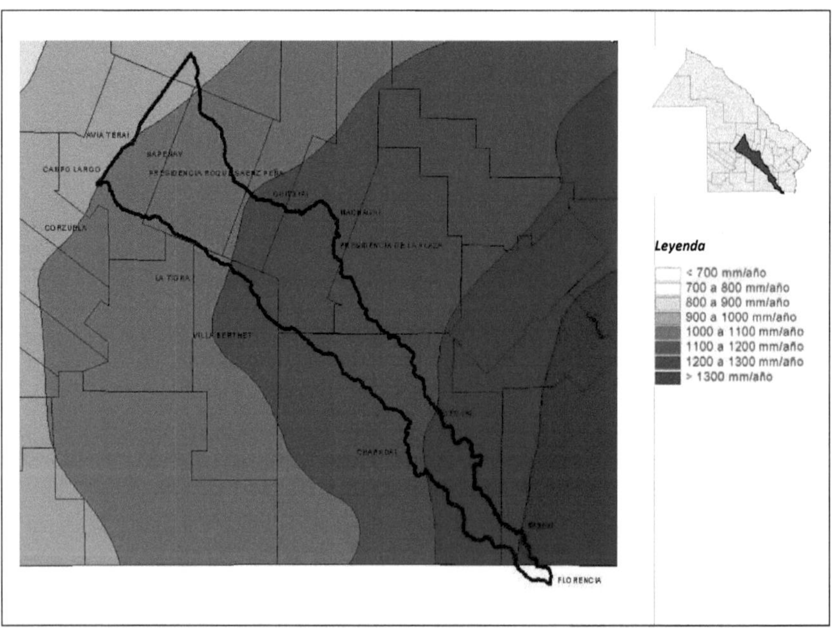

Figura 3.7. Isohietas medias anuales- período: 1956-2010. Tomado de APA (2010)

El análisis de los datos permite observar una gran amplitud de variación en sus montos entre los períodos secos (precipitaciones mínimas) y los períodos húmedos (precipitaciones máximas). En Tabla3.7, se resumen los montos anuales de precipitación, máximos y mínimos registrados, según las estaciones pluviométricas de la cuenca

Tabla 3.7.Estaciones pluviométricas con sus montos anuales máximos y mínimos

| **Pptción (mm)** | **AviaTerai** | **Campo Largo** | **Saenz Peña** | **Machagai** | **Basail** | **Florencia** |
|---|---|---|---|---|---|---|
| Máximos | *1.664* | *1.817* | *1.632* | *1.938* | *2.539* | *1.797,5* |
| mínimos | *422* | *536* | *517* | *647* | *633* | *724* |

Fuente: (APA, 2010; SRH, 2012)

Puede verse como los valores máximos de precipitaciones totales anuales que se registran, superan en más del 50% a los valores medios anuales, llegando a la situación de Basail que asciende al 95%.

Durante los momentos de ocurrencia de las precipitaciones, los mayores montos mensuales se registran agrupados durante los meses de las estaciones de primavera (parcialmente), verano y otoño (parcialmente), por lo cual se las llama como las estaciones húmedas del año, aspectos éstos, que constituyen una de las razones de las importantes inundaciones que se registran en la cuenca, como las que se produjeron durante las décadas de los años 70 y 80.

### *3.6.2. Períodos de sequía*

Normalmente en la cuenca, durante el período de sequía, se verifican meses sin lluvias, entre mayo a setiembre, en coincidencia con las estaciones anuales de, fin de otoño, invierno y comienzo de primavera.

A esta particularidad, se debe mencionar que, partir del año hidrológico 2002/03 hasta el año 2012, señala la Dirección de Estudios Básicos (DEB) de la APA, se ingresó en un período de varios años calificados como "de sequía", en el que se produjeron considerables reducciones de los montos pluviométricos anuales en la cuenca, comparados con respecto a sus valores medios.

Para graficar la gravedad de esta sequía, señala la DEB (Norte, Resistencia; 23 de junio de 2012:4) que por ejemplo, en la localidad de Avia Terai, el acumulado de lluvias anuales registrado en el período 2003/04 al 2009/10 fue de 4.035,50mm, pero, si consideramos a cada año con el valor promedio anual de precipitaciones, el acumulado debió haber sido de 5.880mm, por lo que resulta una diferencia de precipitación faltante de 1.844,5mm., y comparándolo con el valor medio anual de Avia Terai que es de 980mm., concluye que a esa fecha a la localidad le faltaron casi 2 años completos de precipitaciones en este período (el valor exacto de dicho cálculo es de 1,88).

## 3.7. La red de desagües construida

Dado la fuerte demanda comunitaria, particularmente del sector productivo agropecuario, motivadas por los graves inconvenientes que causaban las inundaciones que se registraban en la cuenca del Río Tapenagá, el gobierno provincial decide en el año 2.004, el inicio de la construcción de las obras hidráulicas de desagüe, contempladas en el proyecto denominado: Saneamiento hídrico y desarrollo productivo de la cuenca línea Tapenagá, las que fueron finalizadas en 2.006 (PROSAP, 2012).

Las definiciones para el diseño de las obras, se tomaron sobre la base a los distintos estudios y evaluaciones efectuados a la cuenca, tanto del Convenio Bajos Submeridionales (CBS), como del Programa de los Servicios Agropecuarios Provinciales (PROSAP).

Un insumo interesante de dichas evaluaciones, ha sido la descripción de la génesis y la problemática de las inundaciones en la cuenca. Depettris et al (1995), describen que en la SA ante los inconvenientes que las inundaciones le producían periódicamente al sector agrícola, desde la década de los años 70 en adelante, se fueron construyendo numerosos canales de desagüe, los que revestían características de canales terciarios y secundarios (a los que denominan "canales existentes").

Los mismos adolecían de una serie de falencias ingenieriles que atentaban contra su propio funcionamiento haciéndolos, por un lado, ineficientes con respecto a su objetivo específico de saneamiento hidráulico, y por otro lado, constituían el centro de cuestionamientos y conflictos diversos, tanto entre los mismos productores de la SA, como con los ubicados aguas abajo (las SM y SB), Entre las principales falencias se pueden mencionar:

1. los canales no respondían a ninguna planificación hidráulica previa; no presentaban estudios hidrológicos, ni diseño hidráulico;
2. por esta razón, se encuentran sectores que presentan una mayor densidad de canales construidos que otros, los que, por sus condiciones de afectación productiva lo hubieran requerido prioritariamente;
3. dada la inexistencia de un sistema de drenaje en zona, estos canales no tenían puntos de descarga previstos, por lo cual el resultado era, la traslación del problema hacia aguas abajo;
4. con el paso del tiempo y ante la complejidad hidráulica que se generaba en la zona, fueron extendiendo el trazado hacia aguas abajo de todos los canales en general, como una forma de minimizar los problemas, llegando de esta forma a la SM;
5. atento que en esa posición geográfica tampoco se disponía de una red de desagüe con capacidad de evacuar dichos volúmenes de agua, se repetían aquí, los mismos inconvenientes de aguas arriba.

Consecuentemente, el esquema de obras previstas en el proyecto contempla: la construcción de "canales colectores" en la SA dando desagüe a las áreas en las que las había parcelas que no se encontraban atendidas; la construcción de "canales de conexión" que van tomando hacia aguas abajo a los canales existentes con los nuevos colectores construidos; y un "canal colector principal" cuya función es conducir estos caudales dentro de la SM hasta efectuar su descarga en el Río Tapenagá.

Efectuando la descripción, desde aguas abajo hacia aguas arriba, la red de desagües construida totaliza 135 km de canales, constituidos por: *i) Canal colector principal*, es el tramo mayor del canal que lleva el mayor valor de caudal; es el de mayor longitud de trazado y dimensiones; efectúa la descarga final en el cauce del río Tapenagá; *ii) Canales de conexión*, son los canales que toman los caudales salientes de las áreas agrícolas y lo conectan al canal principal; *iii) Canales colectores*, son los que captan los escurrimientos que se producen a nivel de las unidades productivas; reciben el aporte de los canales parcelarios e interparcelarios.

En la Figura 3.8. se presenta la ubicación planimétrica del trazado de los canales construidos (señalados en rojo), y el trazado de los canales colectores existentes (en celeste), correspondientes a la SA y SM.

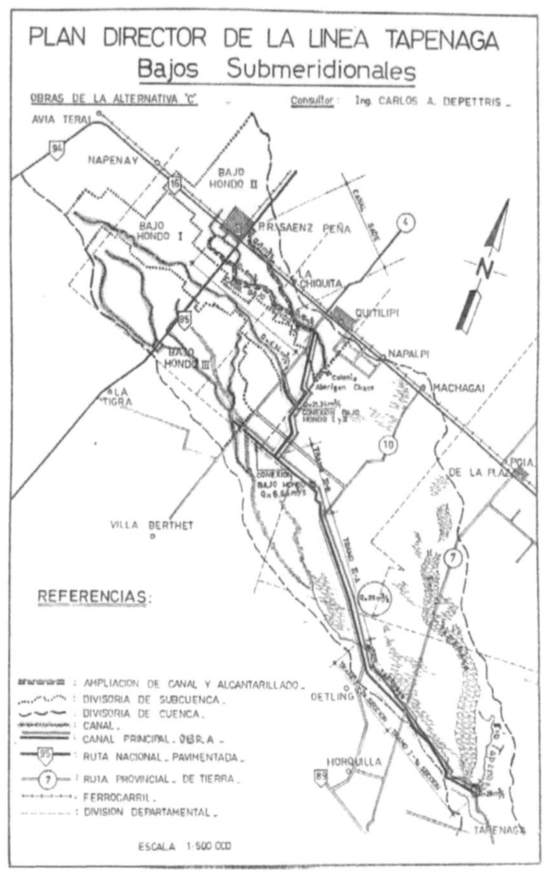


Figura 3.8. Ubicación de la red de desagües construida y existente.
Tomado de Depettris, et al (1995)

Luego de construidas las obras de desagüe hidráulico, la cuenca atravesó un intenso período de sequía, en el que se secaron esteros y cañadas, se produjo un importante abatimiento de napas, se secaron pozos y fuentes de agua, generando severos daños e inconvenientes, tanto al sector productivo en general, como para las poblaciones del área por la falta de agua para consumo humano.

Las obras que contempló el proyecto consistieron en canales de desagües, alcantarillas y puentes, no contemplaron ningún tipo de alternativa para el manejo y aprovechamiento del agua, fueron diseñadas con un estricto sentido sectorial orientado hacia el desagüe, por lo cual, ante la situación de sequía que afrontaba la cuenca, estas obras contribuían a agravar la situación. Surgieron entonces, intensos reclamos y cuestionamientos comunitarios hacia el sistema de obras construidos, llegándose incluso a proponer "que se taponen los canales construidos".

El desarrollo del proyecto de saneamiento aquí presentado, constituye un claro ejemplo de una visión sectorial en la gestión del recurso en la cuenca, atravesado por las exigencias de la coyuntura y sin una visión sustentada en un esquema de planificación de mediano y largo plazo.

## 3.8 Los asentamientos humanos en la cuenca. Diagnosis socio-económica

### *3.8.1. Composición de la estructura parcelaria*

La estructura parcelaria del área dela cuenca, señalan Bareiro, et al (2004), está relacionada con las modalidades históricas de apropiación de la tierra pública; en la SA, la ocupación de la tierra se produjo a través de planes de colonización basados en la distribución de lotes cuyas superficies se ubicaban entre 100 a 300 hectáreas, con el objeto de su explotación agrícola, teniendo en cuenta la buena aptitud de uso agrícola de los suelos, mientras que en la SM y la SB, la estructura parcelaria es producto de concesiones de extensas superficies básicamente para la explotación de los bosques y la ganadería, por lo que las superficies de cada unidad resultan muy superiores.

Esta composición de la estructura parcelaria guarda correlación con la capacidad de uso de los suelos de la cuenca, como puede observarse en las Figuras 3.5 y 3.6, (de capacidad de uso de los suelos en la cuenca), lo que se refleja en los valores que presenta la Tabla3.6. "Participación en porcentaje de los ambientes fisiográficos en cada subcuenca", donde de la totalidad de suelos cultivados en la cuenca corresponden a la SA el 82% de los mismos, a la SM el 6%, y la SB el 12%, y de los suelos ocupados para ganadería, la SA sólo tiene el 7%, mientras que, la SM el 38% y la SB el 55%.

Este antecedente resulta trascendente, por cuanto la superficie de las parcelas se constituye en el elemento de mayor condicionamiento para las modalidades productivas que se desarrollan, las que se explican en el punto 3.8.4. Modalidades productivas dominantes en la cuenca.

Existen 3.504 explotaciones agropecuarias, lo que representa un 20% del total de explotaciones en la provincia. En la Tabla 3.8, se hace una síntesis de las mismas con la estratificación en hectáreas de las explotaciones, con su correspondiente cantidad de unidades productivas expresadas en valores absolutos y porcentajes

Tabla 3.8. Características de la estratificación de las unidades productivas

| **Estratos (hectáreas)** | Unidades productivas | | En Superficie | |
|---|---|---|---|---|
| | Cantidad | Porcentajes | Hectáreas | Porcentajes |
| < 25 | 615 | 17,55% | 5.472,95 | 1,12% |
| 25 a 100 | 1.415 | 40,38% | 54.973,80 | 11,25% |
| 100 a 200 | 649 | 18,52% | 54.045,35 | 11,06% |
| 200 a 500 | 520 | 14,84% | 92.355,98 | 18,90% |
| 500 a 1.000 | 177 | 5,05% | 68.753,90 | 14,07% |
| > 1.000 | 128 | 3,65% | 213.054,02 | 43,60% |
| Total | 3.504 | 100,00% | 488.656,00 | 100,00% |

Fuente: Bareiro, et al (2004)

### *3.8.2. Estructura productiva en la cuenca*

La base productiva de la SA es netamente agrícola, aunque se observa la presencia de algunas explotaciones que combinan esta actividad con la ganadería; por su parte, en la SM y en la SB, predominan los sistemas ganaderos, mientras que la actividad agrícola se localiza en las zonas topográficamente más altas, las lomas, y las dorsales.

Señalan Bareiro et al (2004) la superficie con monte nativo representa un valor superior al 30%, en el orden de las 150.000 hectáreas, y su aprovechamiento actual es limitado debido a su alto grado de degradación sufrido en el tiempo; esta superficie en general, se está incorporando al uso ganadero.

En base a la superficie media sembrada en las últimas campañas agrícolas, se observa una estructura productiva que ronda en torno a tres líneas de producción: una primera, integrada por oleaginosas, soja y girasol; una segunda constituida por cereales, trigo y maíz; y una tercera línea, por el cultivo del algodón;

Se presenta en la Tabla 3.9 la composición de la base productiva agrícola de la cuenca, indicando superficies sembradas y porcentajes correspondientes

Tabla 3.9. Composición de la base productiva agrícola

| Líneas de Producción | Cultivos | Superficies sembradas (ha) | Porcentajes (%) |
|---|---|---|---|
| *Primera* | Soja | 54.427,20 | 51 |
| | Girasol | 22.411,20 | 21 |
| *Segunda* | Trigo | 7.470,40 | 7 |
| | Maíz | 10.672,00 | 10 |
| *Tercera* | Algodón | 11.739,20 | 11 |
| | Totales | 106.720 | 100 |

Fuente: Bareiro, et al (2004)

Con relación a los datos de la Tabla 3.9, se advierte que en realidad, el área agrícola total efectivamente cultivada en la cuenca es de 99.249,60 hectáreas, (en la Tabla asciende a 106.720 hectáreas), y esto es debido a que hay 7.470,40 hectáreas que sembradas con trigo se realizan luego el doble cultivo con soja.

Señalan Bareiro, et al (2004), que si se comparan estos valores de superficies sembradas con la disponibilidad total de suelos con capacidad para ser usados agrícolamente (200.000 hectáreas), resulta que sólo el 49,6% de los suelos de la cuenca se encuentran ocupados en dicha función.

Señalan también, que pese a que las estadísticas no reflejan la superficie destinada a cultivos hortícolas, cabe destacar su importancia en los sistemas asociados a la pequeña producción, donde integran la estrategia de autoconsumo de las familias y comercialización local de los excedentes en el caso de las explotaciones ubicadas en áreas periurbanas de las ciudades más importantes. De los datos relevados, por el Ministerio de la Producción (MP) a través de su Dirección de Apoyo Territorial y Agencias (DATyA) se desprende que en la cuenca se cultivan alrededor de 3.000 hectáreas con, zapallos, mandioca, batata y verduras de hoja, entre otras especies (MP.DATyA, 2012).

La base productiva pecuaria se asienta en la ganadería bovina; señala la Dirección de Producción Animal y Granjas (DPAG) que, en la cuenca el rodeo bovino se encuentra conformado por 122.100 cabezas, lo que representa el 5,1% del stock provincial, la carga animal promedio, se sitúa en torno a 0,35 cabezas/hectárea (MP.DPAG, 2012).

La producción de carne se ubica en torno a un valor medio de 30 kg/hectárea/año, con la particularidad que los establecimientos que aplican un conjunto de prácticas básicas relacionadas con manejo nutricional, reproductivo y sanitario de los rodeos, obtienen rendimientos de carne entre 80 y 90 kg/hectárea/año.

Señalan Bareiro et al (2004), este indicador pone de manifiesto el potencial de desarrollo ganadero existente en la cuenca, dado que si se produjese una generalizada adopción de las prácticas antes mencionadas, la mayoría de bajo costo y alto impacto productivo, sería posible triplicar la producción anual de carne.

La actividad de granja es importante en los sistemas vinculados a la pequeña producción; las estadísticas reflejan para la cuenca, la existencia de alrededor de 25.000 caprinos, sobre un valor medio total provincial de 525.881, lo que representa un porcentaje de 4,75%; la existencia de 7.300 porcinos, sobre un valor medio total provincial de 127.355, lo que representa un porcentaje de 5,73%; y la existencia de 8.800 ovinos, sobre un valor medio total provincial de 113.864, lo que representa un porcentaje de 7,73% (MP.DPAG, 2012).

La producción apícola es un rubro que ha cobrado importancia en los últimos 10 años, constituyendo también, una alternativa de diversificación productiva adoptada por alrededor de 200 productores en el área, sobre un total de 2.700 en la provincia, lo que representa un porcentaje de 7,40%. En este sector se registró en todo el contexto provincial, una disminución de la producción expresada en kg/colmena, a consecuencia de la sequía registrada, efecto que se verificó productivamente desde el año 2006 hasta el año 2010, una reducción del orden del 30 al 40%, situando los rendimientos en valores entre 18 a 20 kg/colmena (MP.DPAG, 2012)

La base productiva forestal actualmente, está limitada a la extracción de postes, leña y la elaboración de carbón, señalan Bareiro, et al (2004), que básicamente es por las limitaciones señaladas de la degradación que han sufrido.

En este sentido señalan, que la aplicación de prácticas de manejo del monte nativo permitirían a futuro, recuperar la productividad de la masa forestal, y por otro lado, ejercerían un importante efecto en el balance hídrico global debido a su función como disipadora de los excedentes hídricos a través de la captación de las precipitaciones, la absorción local del agua a nivel del mantillo y del suelo mineral, y al mejoramiento de la tasa de infiltración de los suelos respecto a las áreas desmontadas.

La Dirección de Bosques (DB) dependiente del MP, señala que el manejo del monte nativo se debe ejecutar sobre la base de una formulación técnica que debe contener, un plan de aprovechamiento forestal y un plan silvícola. El informe estadístico de la DB, del año 2012, revela que en el ámbito de la cuenca, se aprobaron 30 autorizaciones entre ambos planes, afectando una superficie total de monte de 3.350 hectáreas, lo que representa un porcentaje del 2,23% del total de la superficie de bosques que posee la cuenca (MP.DB, 2013).

### *3.8.3. Participación en la economía provincial*

Señalan Bareiro et al (2004), la participación de la cuenca en cuanto al volumen total de producción del sector agrícola, expresado en toneladas, se ubica en el orden del 12,1% anual como promedio de los principales cultivos de la cuenca; en cuanto a la ganadería bovina en la cuenca, expresadas en toneladas de carne por año, representa un porcentaje de 6,88% del total que se produce en la provincia, datos que se presentan en la Tabla 3.10

Tabla 3.10. Participación de la producción agropecuaria de la cuenca con respecto al total provincial

| **Producción** | **Porcentajes respecto al total provincial (%)** |
|---|---|
| Soja | 15,07 |
| Girasol | 13,73 |
| Trigo | 13,19 |
| Maíz | 11,30 |
| Algodón | 7,22 |
| Ganadería Bovina | 6,88 |

Fuente: Bareiro, et al (2004)

Señalan Bareiro, et al (2004), que la ocurrencia de situaciones de excesos y déficit hídricos en la cuenca, inciden sobre la vulnerabilidad de los sistemas productivos que se desarrollan, produciendo pérdidas económicas asociadas a dichas situaciones. Esta vulnerabilidad es mayor en los sistemas de producción agrícola mayormente localizados en la SA; también afecta a los sistemas productivos mixtos agricultura/ganadería, y los sistemas productivos ganaderos, de la SM y la SB.

Advierten, que esta situación se agrava debido a que en la mayor parte de los sistemas productivos, no se aplican prácticas apropiadas para el manejo del agua, el suelo y la vegetación, es decir, prácticas de manejo integral y de sustentabilidad.

Estos efectos negativos se acentúan en los sistemas productivos donde el monocultivo, la falta de rotaciones, el excesivo laboreo de los suelos y el sobre pastoreo, son predominantes; los desmontes, realizados de manera indiscriminada y con exclusivo criterio extractivo, han contribuido a agravar estos problemas.

Al respecto señalan, que las estimaciones de las pérdidas económicas directas ocasionadas por la ocurrencia de extremos hídricos, sequías y encharcamientos temporarios, tomando como referencia el cultivo del algodón, que ha sido el más representativo del área hasta el año 1998, muestran una disminución del 10% en el margen neto. A su vez, las pérdidas económicas atribuibles al deterioro de los recursos suelo y agua representa una disminución del 3%, y elevan las pérdidas económicas a un monto equivalente al 13% del margen neto del cultivo.

Señalan que, el algodón es el cultivo más resistente en este ambiente a las situaciones de déficit o excesos hídricos temporarios, constituyendo una de las razones por las cuales (más allá de sus fluctuaciones) se encuentra tradicionalmente arraigado en la cultura agrícola de los productores de la cuenca.

En los sistemas ganaderos situados en la SM y SB del Tapenagá, la productividad está ligada al manejo del agua en superficie, y los eventuales efectos de los extremos hídricos sobre la producción se manifiestan a través de la reducción de la receptividad de los campos por el forraje, y consecuentemente sobre la carga animal y la producción de carne.

Con respecto a las pérdidas económicas para los sistemas ganaderos en la cuenca, señalan Bareiro, et al (2004), que evaluaciones efectuadas muestran que la humedad disponible en el perfil del suelo y la oferta forrajera se relacionan entre sí de tal modo, que los rendimientos entre los períodos de alta y baja oferta hídrica pueden llegar a generar una diferencia en la producción de carne del orden del 50%.

Cuantificando las pérdidas en los sistemas agrícolas por déficits o excesos hídricos, sumado a las pérdidas en los sistemas ganaderos, Bareiro, et al (2004), obtienen como pérdidas un valor de U$S 5.913.097,21 por año de ocurrencia, lo que representa un 24% del valor bruto anual de producción de los sectores agrícolas y ganaderos de la cuenca; valor calculado al año 2004, con una relación cambiaria a esa fecha de: 1 U$S = 3,65 $.

El cálculo efectuado considera las pérdidas directas provocadas en los sectores agrícola y ganadero, no habiendo considerado en dicho cálculo, las pérdidas indirectas que los eventos ocasionan, cuyos efectos y consecuencias económicas se prolongan en los años siguientes, tales como, disminución de las superficies factibles de ser cultivadas dado la imposibilidad de preparar los suelos en épocas oportunas; caída en la productividad ganadera, afectación de los bienes muebles e inmuebles de las áreas (viviendas y bienes del hogar), en la infraestructura de producción tales como equipos y maquinarias rurales, alambrados, pozos, etc., compra y transporte de agua para consumo animal, venta obligada de la producción, traslados de la hacienda, y pérdidas de oportunidades de comercialización.

### *3.8.4. Modalidades productivas dominantes en la cuenca*

En el trabajo de Bareiro, et al (2004) se señala, que las modalidades puestas de manifiesto en las actividades agropecuarias y forestales que se desarrollan en la cuenca, el ritmo diferenciado que se observa en la incorporación de innovaciones tecnológicas, sumado a las condiciones agroecológicas que caracterizan sus diferentes ambientes, determinan la existencia de una heterogeneidad de sistemas productivos, desarrollados sobre una estructura parcelaria en la que, por las modalidades históricas de apropiación de la tierra pública (señalado en el punto 3.8.1.), coexisten, pequeñas, medianas y grandes unidades de producción.

Los sistemas productivos del área se definen entonces, a parir de dos atributos que caracterizan como esenciales: *i) la disponibilidad de los recursos*, tierra (factor dominante), capital y mano de obra, y *ii) el uso de los mismos*, esto es, la combinación de las actividades productivas y el patrón tecnológico implementado.

Así, han identificado seis dominantes modalidades productivas que representan a los sistemas productivos presentes a lo largo de las distintas zonas agroecológicas de la cuenca: modelo a) Pequeña producción minifundista; modelo b) Pequeña producción mixta; modelo c) Mediana producción mixta; modelo d) Mediana producción agrícola; modelo e) Mediana producción ganadera, y, modelo f) Empresarial producción ganadera

Se realiza a continuación, una breve descripción de cada una de estas modalidades productivas,

Modelo a) Pequeña producción minifundista.

Se localiza en la SA y en la SM del Tapenagá, y representa a las unidades de producción con superficies menores a 25 hectáreas, cuya superficie promedio se ubica entre 8 y 12 hectáreas. Los sistemas de producción que utilizan, se desarrollan en condiciones de escasez de capital y bajo diferentes formas de tenencia de la tierra, propietarios, arrendatarios, u ocupantes, siendo el trabajo familiar una característica predominante en este modelo.

Los ingresos extraprediales, es decir, desde fuera de la unidad productiva, integran la estrategia predominante de subsistencia de las familias y, en la mayoría de los casos, son de carácter estacional, como peón transitorio en actividades agrícolas o ganaderas en la zona, complementándose con el empleo de otros integrantes de la familia en oficios de baja remuneración en los centros urbanos.

Modelo b) Pequeña producción mixta

Se localiza en la SA y la SM del Tapenagá, y representa a los sistemas de producción que poseen superficie entre 25 a 100 hectáreas, cuya superficie promedio es de 35 hectáreas, constituye el sistema productivo de mayor representatividad en la cuenca en cuanto a cantidad de productores ya que alcanza al 40,4% del total.

Del total de su superficie, normalmente 10 hectáreas se destinan a la agricultura y 25 hectáreas a la ganadería; la mayoría de las unidades productivas incluyen al algodón como principal cultivo de renta, y a un grupo de cultivos para el autoconsumo familiar, batata, mandioca, zapallos y legumbres, y la comercialización local de dichos excedentes.

Los suelos agrícolas presentan problemas de degradación agravado por la falta de aplicación de prácticas de manejo y conservación, la cantidad excesiva y/o inoportuna de labranzas y el monocultivo algodonero; el monte nativo se encuentra degradado y también se observa la degradación de las pasturas por sobre pastoreo y pisoteo, fundamentalmente en algunos períodos del año, normalmente en invierno y comienzos de la primavera.

Modelo c) Mediana producción mixta

Se localiza en la SA y SM del Tapenagá, y representa a los sistemas de producción que poseen entre 100 a 200 hectáreas, y cuya superficie promedio se ubica en un rango entre120a 150 hectáreas. Las características del sistema productivo son similares a las del modelo anterior, variando la superficie destinada a las actividades agrícolas, una tercera parte del total, y las destinadas a las actividades ganaderas, las 2/3 partes restantes.

La base agrícola del modelo está constituida por algodón como cultivo de renta, y maíz, complementadas con actividades de huerta y granja, aves de corral, caprinos y porcinos, el área destinada a esta actividad incluye la superficie ocupada por montes y se complementa con el aprovechamiento de los rastrojos agrícolas.

Modelo d) Mediana producción agrícola

Se localiza en la SA y SM del Tapenagá, y representa a los sistemas de producción que poseen entre 200 a 500 hectáreas, y cuya superficie promedio se ubica en 250 a 300 hectáreas, se utilizan para la agricultura, entre el 80 y 85% de la superficie de la unidad, y el resto, entre el 15 y 20% suele estar cubierto por monte, el que se destina para la cría de caprinos.

En las campañas agrícolas de los últimos años, la base productiva de este modelo se ha diversificado, en términos generales se integra con soja, trigo en doble cultivo con soja, y girasol; este sistema aunque más diversificado en su composición, presenta sin embargo una mayor vulnerabilidad que los sistemas mixtos agrícola-ganaderos, ya que resulta más sensible a la ocurrencia de extremos hídricos.

Los mecanismos de integración a las cadenas de comercialización constituyen un factor que ha variado en los últimos años; la mayoría de los productores comprendidos en este modelo eran socios activos de cooperativas agrícolas a través de las cuales realizaban la provisión de insumos y la venta de la producción; en los últimos años aunque continúan asociados a las cooperativas, comercializan la mayor parte de su producción directamente con acopiadores que operan en la zona.

Modelo e) Mediana producción ganadera

Se localiza en zonas de campos bajos de la SM del Tapenagá, y representa a los sistemas de producción que poseen entre 500 a 1.000 hectáreas.

Básicamente dedicados a la cría bovina, su base de alimentación son las pasturas nativas y el sistema de pastoreo es continuo, destacándose que la suplementación alimentaría no es una práctica productiva habitual en este modelo.

Hacia el interior de este estrato, se pueden observan dos niveles diferenciados en cuanto a la adopción de tecnología aplicada a la producción; en un primer nivel, mayoritario en la cuenca, predominan las modalidades tradicionales de organización de la producción, lo que se refleja en los bajos e históricos niveles de productividad; en un segundo nivel, se observa la adopción de modalidades de gestión empresarial y de aplicación de tecnologías, lo que se manifiesta en que los rodeos muestran una mayor productividad, y la producción de carne se sitúa en torno a los 80 kg/ha.año.

Esta situación, pone en evidencia la existencia de potenciales condiciones para el desarrollo de este sistema, en la medida en que se incorporen las tecnologías de producción disponibles, vinculadas en general al proceso produotivo, y en particular, al adecuado manejo del agua superficial en dichos campos, ya que por sus características naturales, se logra aumentar la eficiencia en la relación utilización/producción, de los recursos forrajeros.

Modelo f) Empresarial producción ganadera

Es característico de la SB del Tapenagá, representa a los sistemas de producción cuya superficie es superior a 1.000 hectáreas, y cuya superficie promedio se ubica en 1.500

hectáreas; la importancia de este modelo radica en que reúne en superficie, el 43,60% de la superficie, siendo el modelo de mayor cobertura geográfica de la cuenca.

Como en el caso anterior, hacia el interior de este estrato se observan dos niveles diferenciados en cuanto a la adopción de tecnología productiva; el primero, se caracteriza por la aplicación de modalidades tradicionales de organización de la producción, lo que se reflejan en los bajos niveles de productividad.

El segundo nivel en cuanto a tecnología, se caracteriza por la adopción de modalidades de gestión empresarial y de tecnologías de producción que permiten obtener alrededor de 80-90 kg de carne/ha.año. En la mayoría de los casos, las prácticas adoptadas centran su atención en el manejo del agua superficial en los campos.

### 3.9. La presencia aborigen

En la parte norte de la SM, en proximidad al límite divisorio con la SA, habitan comunidades aborígenes de las etnias Qom y Mocoví, cuya característica comunitaria es la de encontrarse agrupados en la denominada colonia aborigen Chaco; ésta se ubica geográficamente en la zona central de la provincia, abarcando parte de los departamentos Quitilipi y 25 de Mayo (Salamanca, 2007).

La superficie de las tierras indígenas que integran la cuenca, suman 20.026 hectáreas, y pertenecen a la "Asociación Comunitaria Colonia Chaco" que conformaron, de las cuales, aproximadamente 6.500 hectáreas se encuentran ocupadas por intrusos, es decir por ocupantes no aborígenes y por tal motivo están actualmente en litigio (Rodríguez, et al. 2004).

El 60% del total de la superficie de la colonia, esto es alrededor de 12.015 hectáreas, son inundables, de las cuales 3.500 hectáreas (29%), son frecuentemente inundables, y 8.500 hectáreas (el 71% restante), se inundan con lluvias extraordinarias; el 30% de la superficie de la colonia, 6.000 hectáreas, son suelos con buena capacidad de uso agrícola, pero en general se encuentran mayormente bajo bosques, los que por otra parte, se encuentran degradados (Valiente, 2004).

Rodríguez, et al. (2004), mencionan que dentro de la colonia aborigen Chaco se observan dos tipos de asentamientos, por un lado se encuentra el denominado central de la colonia, y por otro, dos grupos de viviendas relativamente cercanos, denominados Nueva Población y Cacica Dominga, conformando en el primer caso una especie de pueblo pequeño, y en el segundo, un grupo de casas medianamente agrupadas.

Advierten, que por la idiosincrasia de estas comunidades, existe una negativa de ciertos sectores de las familias Mocovíes a brindar información de su grupo familiar, lo que hace que no se posea información precisa sobre la cantidad de personas que habitan la colonia.

No obstante, Rodríguez, et al (2004), señalan que en función a los datos que manejan el INDEC, el Instituto del Aborigen Chaqueño (IDACh), y la asociación comunitaria, en la colonia habitan 658 familias Qom (también llamados Tobas), y se estiman 192 familias Mocovíes, en función a lo cual la población aborigen total asciende a 4.250 habitantes.

Destacan que en la actualidad para la población aborigen, la posesión de la tierra se ha transformado en un elemento fundamental en su definición étnica y colectiva; la lucha por poseer y conservar la misma se ha ido nutriendo de mecanismos legales y de nuevas formas de organización por medio de las cuales ejercen sus derechos de apropiación ancestral del territorio; como expresión de estas nuevas formas, los autores señalan la creación de la asociación comunitaria de la colonia y el IDACh.

En relación a la forma de acceso al agua para consumo humano, en el poblado central y Cacica Dominga, se cuenta con una red de distribución; el agua se obtiene de una perforación de 12 metros de profundidad. Las viviendas dispersas del área rural, cuentan con pozos de gran diámetro a profundidades promedio de 10 metros, destacándose que en algunos casos el pozo se ubica en las inmediaciones de la misma, pero en otros, las familias se ven obligadas a recorrer distancias entre 100 o 200 metros para proveerse de agua.

### 3.10. Aspectos relevantes del área de estudio

La cuenca tiene una longitud de 230 km. de desarrollo, entre cabecera y desembocadura, lo que resulta un elemento importante que debe considerarse en el proceso organizativo para la gestión en la cuenca.

La superficie total es de 488.656 ha., las cuales se encuentran en un 97,3% dentro de la provincia del Chaco (abarcando SA, SM y gran parte de la SB), y 2,7% de la misma en la provincia de Santa Fe ubicadas en el tramo final de la SB, donde se produce la desembocadura del Tapenagá en el valle de inundación del río Paraná.

Con la definición de las subcuencas hidrográficas: SA, SM y SB, se logra agrupar en cada una, los sectores de la cuenca que presentan características comunes en cuanto a morfología, hidrodinámica de los escurrimientos, aspectos ambientales, de capacidad productiva de sus suelos, de tamaño en superficie de las parcelas, idiosincrasia de su gente y de modalidades productivas.

En cuanto a superficies: a la SA le corresponde el 40,30%, a la SM el 42,60%, y, a la SB el 17,10%.

Consecuentemente con las características señaladas, la agricultura se realiza dominantemente en la SA, con el 82% sobre el total de la cuenca, en la SM el 6%, y en la SB el 12%, mientras que, con respecto a los suelos dedicados a la ganadería, en la SA ocupan el 7%, en la SM el 38%, y en la SB el 55%.

Los valores medios anuales de precipitaciones, registran valores entre 800/900mm en la cabecera de la cuenca, los que crecen hacia aguas abajo, ubicándose entre 1.200 a 1.300mm en el tramo final de la SB.

Son muy marcadas las variaciones que ocurren entre los totales máximos anuales de las precipitaciones y los totales mínimos anuales, diferencias con valores que se ubican entre 1.100mm y hasta 1.900mm (valor registrado en Basail), lo que pone en evidencia la realidad de la cuenca que alterna períodos marcadamente húmedos, con otros períodos marcadamente secos.

Motivado por un fuerte reclamo comunitario ante los inconvenientes que producían las inundaciones, fundamentalmente a la producción agrícola, se construyó una red de 135 km. de canales para realizar el desagüe de la SA, y parte de la SM. Esta red efectúa su descarga final en el cauce del río Tapenagá, pocos kilómetros antes del inicio de la SB. Estos canales que realizan exclusivamente el desagüe de la cuenca, no tienen previsto, ni presentan alternativas para poder realizar algún tipo de manejo y/o aprovechamiento del agua.

Las obras se finalizaron en momentos que la cuenca se encontraba en un período de una importante sequía, y los propios actores señalaban a esos canales como uno de los culpables de la falta de agua en la cuenca, poniendo en clara evidencia, la falta de una visión integrada en la gestión para el diseño de las obras en particular, como para la gestión del recurso en general.

Dadas las condiciones ambientales de la cuenca, tanto los excesos como los déficits hídricos tienen una alta incidencia sobre la vulnerabilidad de los sistemas productivos, en todas sus escalas, produciendo finalmente pérdidas económicas asociadas a dichas situaciones.

Se ha llegado a determinar que estas pérdidas ascienden a un 24% del valor bruto anual de producción de los sectores agrícolas y ganaderos, valor que sólo tiene en cuenta las pérdidas directas, sin considerar las pérdidas indirectas asociadas en ambos sectores, lo cual habla de la alta incidencia de los extremos hídricos sobre los sistemas productivos en la cuenca.

Existen seis modalidades productivas dominantes, ligadas a la actividad agrícola y la ganadera, o mixta entre ambas, que abarcan desde pequeñas, medianas o grandes unidades parcelarias de producción, en cuya génesis han sido fuertemente determinantes, la capacidad de uso de los suelos, y las modalidades históricas de apropiación de la tierra pública.

En la cabecera de la SM se halla una comunidad aborigen que es propietaria de 20.026 hectáreas, que representa 9,6% de la superficie total de la subcuenca, la que administran por intermedio de una asociación comunitaria que integran por medio de sus representantes. Sus integrantes son de las etnias Qom y Mocoví, y realizan actividades productivas de agricultura y ganadería, encuadrados dentro del esquema de las seis modalidades generales identificadas en toda la cuenca. Además, integran el consorcio caminero, y diversas organizaciones comunitarias. En la colonia se encuentra una oficina del IDACh, organismo público del estado provincial, específico para atender los intereses de la comunidad aborigen.

# 4. MODELOS DE ORGANIZACIÓN DE CUENCA

Se ha analizado hasta aquí, las características propias de la cuenca, y las condiciones locales, es decir, la realidad que presentan, el medio físico y el sistema social sobre el cual se plantea el análisis de una propuesta de modelo de organización de actores.

En el presente capítulo se habrán de analizar los tipos de modelos de organización de cuenca que existen a nivel global, a efectos de evaluar la factibilidad de su aplicación a las condiciones del área de estudio, y aprovechar los conocimientos y las experiencias desarrolladas en otras regiones del planeta y en la Argentina.

A este efecto, se analizarán los modelos que se aplican a nivel mundial, los que se aplican en la Argentina a nivel interjurisdiccional, y los casos de modelos en los cuales la jurisdicción de la cuenca es de dominio de una sola provincia, particularizando finalmente en las organizaciones de cuenca en el Chaco, y la experiencia local con la COMAS Colonia Bajo Hondo.

## 4.1. Organizaciones de cuenca en el mundo

Los organismos hídricos de cuencas según la Asociación Mundial para el Agua (GWP, 2005) son en esencia, entidades u organizaciones dedicadas a la gestión de los recursos hídricos a nivel de cuenca. En general su mandato radica en tener una visión con carácter panorámico e integral sobre sus recursos hídricos, considerados en el contexto general de la cuenca, es decir, considerando las acciones en la parte alta y en la parte baja de la misma, esto es, las consecuencias que provoca una determinada acción sobre el recurso aguas arriba y sus eventuales impactos aguas abajo.

Estas organizaciones normalmente se constituyen bajo diferentes figuras o acuerdos, según sean los objetivos fijados, los sistemas legales y administrativos existentes y los recursos humanos y financieros disponibles.

Señala la GWP (2009) que las mismas funcionan de acuerdo a su mandato específico de creación, es decir de las razones centrales por las cuales se pone en marcha la iniciativa de organización y reflejan los aspectos más críticos que en dicha circunstancia presenta la misma.

GWP (2009) expresa que, ante la evolución y los cambios que se producen en los contextos internacionales, regionales y nacionales, las organizaciones de cuenca se van adaptando a los cambios de rumbo político y a sus eventuales reformas administrativas e incluso a las relaciones entre los países ribereños. Estas adaptaciones alcanzan a su sistema de gobernanza, su estructura, composición y mandatos.

No quedan exentas cuestiones no menores de carácter emergente, tales como impactos por efecto del cambio climático, inundaciones y sequías extremas, y la creciente demanda global de protección de los ecosistemas.

En el caso de las cuencas transfronterizas, las organizaciones de cuenca normalmente comienzan bajo la forma de Comisiones para tratar uno o dos problemas de mayor urgencia y no para entender en todas las cuestiones vinculadas al recurso. No obstante estos son los casos en los que, en general, se puede notar una evolución de la organización con el tiempo hacia todas las otras cuestiones que hacen al desarrollo y sostenibilidad de la cuenca.

Un claro ejemplo de ello ha sido la creación en 1.999 de la comisión internacional de la cuenca del Congo-Ubangui-Sangha (CICOS, 2012) entre cuatro estados ribereños: el Congo, Camerún, la República central de África, y la República democrática del Congo, la que tenía a la navegación como objeto inicial. Con el paso del tiempo, en 2.007, se ha ampliado el mandato de dicha comisión abarcando ahora la gestión integrada de los recursos hídricos y se encuentran trabajando en la integración de los otros países de la cuenca.

Cita la GWP (2009) para el caso de cuencas nacionales que como ejemplo adaptativo se puede apreciar la clara evolución que han demostrado las Agencias del Agua de Francia, creadas en 1.964 para cada una de las cuencas hidrográficas del país (LESAGENCESDELEAU, 2012), con el objeto de iniciar un plan de lucha contra la contaminación; desde entonces su rol ha cambiado considerablemente, concentrándose actualmente en cuestiones de planificación, gestión y ambientales, con el objeto de la implementación de la directiva marco del agua, aprobada e implementada por la Unión Europea de la cual es parte integrante ( (EUROPA, 2012).

Entre las características distintivas más importantes de los organismos de cuenca se encuentra su forma de constitución, entre los que se puede distinguir: 1) si es un órgano formal de gobierno constituido por ley; 2) si es una entidad oficial temporaria con facultades jurídicas limitadas; o, 3) si se trata de un organismo no gubernamental informal y sin facultades jurídicas de ningún tipo (GWP, 2009).

Señala la GWP (2009), que otra de las características importantes, está referida a sus funciones: a) si construyen, operan, son propietarios, efectúan mantenimiento de la infraestructura tales como represas, canales, vías de navegación, plantas hidroeléctricas, obras de riego, compuertas, acueductos y, b) si son encargados de realizar tareas denominadas blandas en gestión del agua como consejeros o asesores.

Las organizaciones más frecuentes en las cuencas según la GWP (2009) son las siguientes:

Comisiones o autoridades de cuenca: pueden tener, funciones consultivas únicamente, o supervisar actividades y trabajar efectivamente en cumplimiento de objetivos de un estatuto de gobierno, o de acuerdos internacionales. Por ejemplo menciona el caso de la Comisión Conjunta Internacional (International Joint Commission) establecida en el año 1909 por el Tratado de aguas fronterizas entre Estados Unidos y Canadá, con el objeto de prevenir y resolver disputas transfronterizas, vinculadas al agua y a cuestiones medioambientales.

En los países federales, estas organizaciones pueden ser creadas por el gobierno central y los estados, las provincias o regiones, con el fin de coordinar políticas y actividades sobre un recurso compartido. Si resulta necesario contar con un mandato diferente para cumplir con las directivas de una nueva visión política, el gobierno puede modificar el estatuto de modo que una Comisión, se convierta en Autoridad responsable de gestionar los recursos hídricos de la cuenca. Esta situación, señala, se ha dado en Australia, donde en 1986 los 5 estados y el gobierno nacional crearon la Comisión de la cuenca del Murray-Darling, como una plataforma consultiva sobre gestión conjunta de recursos naturales, con las facultades en manos estatales, y en el año 2008 se la remplaza por la Autoridad de Gestión de la cuenca del Murray-Darling, como responsable de la gestión de los recursos hídricos de la cuenca, transfiriéndole las facultades y poderes correspondientes.

Direcciones generales (con funciones como organismos de cuenca): Son estructuras de gobierno, y tienen responsabilidades establecidas por ley. Elabora y pone en vigencia normativas sobre el recurso, otorga permisos para actividades de explotación. Puede actuar como árbitro para dirimir conflictos en las cuencas. En general están a cargo de la planificación a mediano plazo, y del cobro de tasas o impuestos sobre extracciones y descargas de agua.

Un ejemplo de ello es la Administración Nacional del Agua de Rumania (Apele Romane), a cargo de la gestión y el aprovechamiento de los recursos hídricos a nivel nacional, y del cumplimiento de la legislación internacional a la cual adhieren, como es el caso de la Directiva Marco de la Unión Europea (UE), (EUROPA, 2012). De Apele Romane dependen 11 Direcciones generales de cuenca, en correspondencia con las cuencas nacionales existentes. Implementan y supervisan, la creación y funcionamiento de los respectivos comités de cuenca, que incluyen representantes de los ministerios de salud, de medio ambiente, autoridades municipales y provinciales, representantes de los usuarios, de las ONGs, y también de la Apele Romane. Los comités de cuenca tienen funciones de planificación, de gestión, y de prevención de contaminación accidental.

Asociaciones o consejos de cuenca: pueden ser una organización formal o informal y pueden estar integrados por funcionarios del gobierno, miembros de los poderes legislativos, representantes de ONGs y ciudadanos comunes. Su objeto es tratar cuestiones relativas a la gestión del agua para asesorar al gobierno. Se diferencian de las Comisiones, que también son organismos de expertos, en que carecen de facultades de regulación. Normalmente coexisten con la administración formal de cuenca y representan a grupos de las comunidades locales, categorías de usuarios, expertos y ONGs. Como ejemplo de este tipo de organizaciones, cita en Alemania, la Asociación del Rühr, el nombre de un río que es uno de los principales tributarios del río Rin. Es un organismo autónomo, constituido por representantes de ciudades, condados, industrias y empresas, incluyendo plantas de generación de energía eléctrica.

Tiene a su cargo diversos tipos de obras de infraestructura y plantas de energía hidroeléctrica. No plantean el desarrollo de infraestructura adicional, ya que sus planes están orientados hacia la operación y el mantenimiento.

Corporaciones o empresas: que construyen infraestructura dentro de una cuenca. En general reciben una concesión por parte del gobierno para desarrollar infraestructura y administrarla durante un período de tiempo especificado. No son organismos de gestión de cuencas. Tienen una constitución orgánica privada, por lo cual su objeto no es el interés comunitario sobre los recursos hídricos, lo que podría generar un conflicto de intereses en detrimento del interés público. Un ejemplo muy particular de estas corporaciones, se presenta con el Instituto Costarricense de Electricidad (ICE) fundado en el año 1949 por el gobierno de Costa Rica. Tiene entre sus funciones, el manejo exclusivo de la hidroelectricidad, desarrollar las fuentes productoras de energía existentes en el país, y prestar el servicio de electricidad. Constituido como Empresa estatal que tiene el monopolio de los servicios de electricidad (ICE, 2012).

La GWP (2009) plantea que para estos casos deberían existir otros organismos del gobierno con mandato para regular tales corporaciones o empresas, aun siendo estatales, ya que las mismas en realidad deberían considerarse como usuarios del agua, y no mantener atribuciones como organismos de cuenca.

Adicionalmente, señala la GWP (2009), que en una misma cuenca pueden coexistir diferentes tipos de organismos, en la medida que sus respectivos roles sean complementarios. Como ejemplo se tiene en la cuenca del Ródano a la Comisión binacional (Francia/Suiza) para la protección del lago Lemán; el Comité de cuenca del Ródano (ámbito en el que se generan los debates y acuerdos entre los actores); la Agencia del Agua (a cargo de la planificación, financiación e implementación de la Directiva Marco del Agua de la UE); y a, la Compañía Nacional del Ródano (Compagnie Nationale du

Rhône), a cargo de represas, diques, generación hidroeléctrica, navegación y agua a granel; todos los cuales trabajan en conjunto.

En estos casos señala, los roles y mandatos de cada organismo deben estar claramente definidos en las correspondientes leyes nacionales, y en los tratados internacionales, en los casos que corresponda, tal como ocurre en la mencionada cuenca del Ródano.

Dourojeanni, et al (2002) señalan como un aspecto controversial y generalizado en las organizaciones de cuenca, la carencia de apoyo financiero, el que no es un tema menor, y es causa de muchos de los problemas que conducen a que los organismos de cuenca no puedan cumplir con sus roles. Es muy grave que por esta carencia, los organismos de cuenca no puedan hacer valer los acuerdos o aplicar los planes aprobados por consenso entre los actores, lo que se transforma finalmente en la causa principal de su desaparición.

La GWP (2009) sostiene que, dado que las cuencas son un bien público, el financiamiento para su gestión provendrá, necesaria y principalmente, de fuentes públicas, y en este sentido, existen tres fuentes posibles de fondos: a) tributaciones o impuestos; b) tarifas; y c) transferencias.

En el caso de la fuente, a) las tributaciones, señala que son una fuente indirecta de fondos provenientes, tanto desde las personas físicas, como las jurídicas, en su calidad de contribuyentes, mediante la que los gobiernos asignan fondos a los organismos de cuenca a partir de sus ingresos fiscales, por ejemplo, el caso de la Corporación Autónoma Regional (CAR) de Cundinamarca, Colombia, la que recibe un porcentaje de los impuestos inmobiliarios recaudados por el gobierno, por lo cual, se encuentra compitiendo por recursos con otras entidades públicas.

Los impuestos señala, pueden adquirir la figura de gravámenes especiales, pero con la observación que los mismos, no necesariamente vuelven al sector hídrico, ya que al ingresar al sistema general de recaudación impositiva, los gobiernos pueden utilizarlos en apoyo al sistema educativo, o, al sector vial, etc.

Mediante la legislación de la figura de "Fondos fiduciarios", que se constituyen con los gravámenes especiales que se impongan y se les asigna un destino específico, se logra que los fondos vayan específicamente al sector, no pudiendo tener otro destino. Esta alternativa no obstante, requiere una adecuada evaluación y consenso, ya que la aplicación de estos gravámenes especiales aumenta la carga tributaria sobre un determinado sector, lo que se traslada finalmente hacia todos los sectores de la economía.

La fuente, b) Tarifas, corresponde a cargos y tasas, que se cobran en forma directa a los ciudadanos y las empresas, que se benefician de los servicios brindados por el organismo de cuenca.

La fuente, c) Transferencias, incluye subsidios, donaciones y aportes voluntarios, también comprende, aportes de fondos de organismos bilaterales y multilaterales. En este último caso menciona que normalmente se trata préstamos de fondos reintegrables, que incluyen subsidios entre sus otros componentes, como es el caso del Banco Mundial, Official Development Assistance (ODA), o los Bancos de Desarrollo Regional.

Sostiene la GWP (2009) que puede llegar a constituirse en una fuente de financiamiento operativo de importancia, el desarrollo e implementación de un sistema basado en los principios de: "el que contamina, paga", y "el que usa, paga", principios que son precisamente, uno de los componentes clave del enfoque GIRH según lo entiende la GWP.

La Red Internacional de Organismos de Cuenca (RIOC) menciona que un ejemplo en este sentido, lo constituyen las Agencias del Agua de Francia, las que desde su creación se financian con la aplicación de estos principios, volcando el 90% de los fondos recaudados en las inversiones necesarias para el cumplimiento de sus objetivos, y el 10% restante, para los costos propios de las Agencias (RIOC, 2012).

Advierte la GWP (2009) que es importante que los fondos se administren dentro de un marco legal claro, y se garantice la responsabilidad de dicha administración mediante auditorías externas, de forma tal que se logre la mayor trasparencia posible.

La Comisión Económica para América Latina y El Caribe, de las Naciones Unidas (CEPAL) señala que estando el agua tan intrínsecamente ligada a las formas de ser de la sociedad y al entorno, no hay respuestas únicas ni fáciles que garanticen su gobernabilidad. Cada sociedad tiene condiciones naturales, grupos y estructuras de poder y necesidades, que deben ser objeto de una atención específica en el proceso de diseño, caso contrario, se tiene el riesgo de no considerar los elementos que aseguren su viabilidad (CEPAL, 2003). En este sentido, hace una especial consideración de los siguientes aspectos:

• Las características étnicas y culturales prevalecientes, ya que por sus Cosmovisiones muy arraigadas pueden ser decisivas en la aplicabilidad de determinadas formas de gestión.

• La historia institucional del sector, considerando que dicha historia ha generado prácticas que han sido aplicadas por generaciones en numerosas comunidades y frecuentemente constituyen un capital social extremadamente valioso para la gobernabilidad efectiva del agua.

• El marco económico, las ideas y prácticas, sociales y económicas, la capacidad de los distintos actores existentes y sus condiciones socio-económicas.

• La capacidad de gestión del Estado, ya que déficits de esta capacidad restringe las posibilidades prácticas de implementación eficaz de los arreglos institucionales.

• Las características geográficas, ya que, por ejemplo, resulta muy distinta la aproximación a los temas del agua en zonas donde predominan las condiciones de escasez, de aquéllas en que es abundante.

### 4.2. Organizaciones de cuenca en Argentina

Pochat (2005), señala que existen en la República Argentina una importante diversidad de formas organizativas, desde estructuras con funciones amplias, como el caso de la Autoridad Interjurisdiccional de cuenca de los ríos Limay, Neuquén y Negro (AIC), desarrolladas con el objetivo de encarar la mayor parte posible de sus actividades con personal propio; pasando por estructuras con funciones intermedias, en el caso de la Comisión Regional del río Bermejo (COREBE), hasta estructuras con funciones reducidas, como la del Comité Interjurisdiccional del río Colorado (COIRCO), concebida para llevar a cabo fundamentalmente tareas de supervisión, coordinación y control, encomendando las otras tareas a terceros; y también, entidades sin estructura propia como las de los propuestos Comités de Cuencas Interjurisdiccionales de los ríos Salí-Dulce, y Pasaje-Juramento-Salado, para los que se prevé la derivación de los proyectos concretos a los organismos competentes provinciales u otras instituciones especializadas.

Pochat (2005) señala que en los casos de las entidades interjurisdiccionales de mayor antigüedad, la participación de los interesados prácticamente no existe. Un ejemplo de ello constituyen la COIRCO, y la COREBE, y sostiene, que se está incorporando paulatinamente en los más nuevos como la Comisión Interjurisdiccional de la cuenca de la laguna La Picasa, en el Comité de Cuenca Interjurisdiccional de los ríos Salí-Dulce, y en el Comité de Cuenca del río Pasaje-Juramento-Salado.

La consideración de un aspecto tan trascendente como la participación de los propios interesados, está contemplada en todos los documentos que han surgido de las reuniones internacionales y en la Argentina, en los Principios Rectores de Política Hídrica, a los que adhieren.

Señala Mansilla (2010), que desde la década de 1970 a donde se remontan los orígenes del "paradigma GIRH", el mismo se ha venido consolidando con el paso del tiempo, tal que, ha surgido como el paradigma dominante a partir del cual se discuten hoy los temas vinculados a los recursos hídricos en el contexto internacional. Los Principios Rectores de Política Hídrica (COHIFE, 2003) tienen incorporados este paradigma.

Dourojeanni (2009), plantea como un desafío para la GIRH, lograr que exista efectiva participación de la sociedad, de los usuarios de la cuenca y el agua, y del estado, sobre todo para alcanzar la equidad en el impacto de las decisiones, diseñando una visión compartida y sustentable, de lo que se desea lograr.

Al respecto, señala Pochat (2005) que en la Argentina está aún pendiente una discusión más profunda sobre cómo llevar a la práctica la participación de los actores en cada uno de los casos de entidades de gestión del agua a nivel de cuenca.

En este sentido, advierte como rasgo característico, que se puede comprobar en general el peso predominante que tienen los organismos estatales de gestión hídrica en todas las organizaciones de cuenca, tanto las provinciales, como las interjurisdiccionales. Afirma, que ese rol es necesario e irremplazable, pero que no obstante, cada día surge con mayor énfasis la necesidad de incorporar a los otros actores de la cuenca.

Con respecto a los organismos interjurisdiccionales de cuenca en Argentina, Dourojeanni, et al. (2002) señalan, que corresponde a las provincias el dominio originario de los recursos naturales existentes en su territorio, lo que implica en consecuencia, que las mismas son propietarias de sus recursos hídricos, con la particularidad que un 90% de las cuencas del país son interprovinciales, siendo ésta la razón por la cual en la Argentina se han creado varios organismos interjurisdiccionales de cuencas con posterioridad a la reforma constitucional de 1994.

Caracterizando a estos organismos de cuenca en Argentina, Embid Irujo y Mathus Escorihuela (2010), señalan que acorde al sistema federal vigente, se constituyen como entidades interjurisdiccionales mediante tratados suscriptos entre los estados ribereños de los cursos involucrados, ya sea mediante la suscripción de un instrumento convencional común, o como en el caso de la Autoridad de Cuenca del Matanza–Riachuelo (ACUMAR), mediante la adhesión por las otras partes a un texto normativo aprobado preliminarmente por una de ellas. En igual sentido los autores citados. señalan que el objeto de conformación de tales entidades, en general ha respondido a la necesidad interprovincial de desarrollar coordinadamente una cuenca, ya sea, llevando adelante un programa único de desarrollo (caso COIRCO); fijando políticas y planificación para el aprovechamiento de los recursos hídricos mediante un proyecto de desarrollo regional (caso COREBE); instando el manejo armónico, ordenado y racional del recurso, tendiendo a optimizar su uso y con ello propender al desarrollo regional (caso de la AIC); mediante estudios y ejecución de obras hidráulicas orientadas al ordenamiento y desarrollo de la cuenca, caso de la Autoridad de Cuenca del Río Azul (ACRA); o, interviniendo en actividades de manejo ambiental en la cuenca como en el caso de ACUMAR.

Embid Irujo y Mathus Escorihuela (2010) destacan que los organismos presentan niveles de conducción reservados a las autoridades superiores de los estados signatarios, y, sólo el COIRCO y la AIC, regulan claramente la existencia de órganos de control de los aspectos económicos financieros, ya sea delegando la función en un órgano de una de las partes, o creando uno propio; la ACUMAR considera la conformación de este tipo de órganos en su reglamento interno, pero no lo ha instrumentado.

Precisamente, el caso de la creación de ACUMAR en el año 2006, señala Cafferatta (2009), constituye un dato nuevo en cuanto a los tipos de organizaciones de cuenca, al que debe darse especial atención, puesto que la amplitud de competencias y atribuciones asignadas a la misma, tal como ejecutar y llevar adelante el Plan Integral de Saneamiento Ambiental, poseer facultades de promoción y fomento, de regulación, control y fiscalización, y, poseer poder preventivo y sancionador; contrasta fuertemente con el carácter restringido a sólo un aspecto específico de la administración del agua, tal como la generación y distribución de energía, la asignación de caudales, o la prevención de las inundaciones, como venía ocurriendo hasta el momento en la conformación de organismos de cuenca en Argentina.

Pochat (2005) coincide con Pascuchi (2003), en que existen en la República Argentina, y funcionando desde hace muchos años, una importante diversidad de formas organizativas de cuenca, de acuerdo a las condiciones particulares y las razones centrales por las cuales se decidió poner en marcha la iniciativa de organización, las que en mayor o menor medida, han respondido a las expectativas iniciales. Expresa entonces, que es difícil llegar a conclusiones ajustadas sobre qué tipo de forma organizativa es la más adecuada para cada caso en particular.

Señala Pascuchi (2003) que el buen funcionamiento de la organización de cuenca que se acuerde, se comienza a plasmar cuando se logra un adecuado nivel de cooperación entre los actores, y para ello es fundamental que exista confianza, por tanto, la labor de los comités de cuenca se debe basar en la construcción de confianza: y en este camino, el intercambio de información y el establecimiento de procedimientos de consulta crean transparencia, y de ese modo, facilitan la creación de confianza. Plantear objetivos de un uso equitativo y razonable, y de no causar un daño sensible en la cuenca, también son una clara base para el objeto central, de la generación de confianza.

Señala Pascuchi (2003) que el grado de cooperación alcanzable entre los actores de la cuenca, dependerá de los progresos que se logren en el proceso de construcción de confianza, la que se nutre precisamente, de los logros alcanzados en esfuerzos de cooperación cada vez más ambiciosos.

### 4.3. Modelos de organización de la gestión del agua a nivel provincial

Cuando la jurisdicción de la cuenca corresponde a una sola provincia, se las denomina como Cuencas Provinciales, diferenciándolas de las Interjurisdiccionales, en las que la cuenca, si bien es provincial, a la vez es compartida con otras jurisdicciones provinciales vecinas.

Pochat (2005) resalta al respecto las experiencias de las provincias de Mendoza, Santa Fe, y la comparativamente más reciente, de Buenos Aires, en cuanto a que las mismas cuentan con marco normativo aprobado, se han constituido y se encuentran funcionando exhibiendo a la fecha varios años de trabajo. Sin embargo debe señalarse que de los tres ejemplos que a continuación de describen, el de Mendoza corresponde a una autoridad de agua con un fin específico: el riego y no a una organización o conjunto de organizaciones de cuencas.

### *4.3.1. Modelo de organización de la gestión del agua en Mendoza*

La Constitución provincial de 1894 otorgó la administración de las aguas públicas y el poder de policía al Departamento General de Irrigación (DGI), teniendo en cuenta que el riego constituía el uso de mayor trascendencia para la época, lo que fue ratificado luego, por la reforma Constitucional de 1916, actualmente vigente (Pochat, 2005).

Señala Pochat (2005), el DGI es un organismo público descentralizado que administra el recurso hídrico a nivel provincial. Goza de autonomía institucional y presupuestaria. Su objetivo principal es la preservación, distribución y regulación de las aguas, a fin de aprovechar todos sus usos posibles.

Expresa, que para la gestión del agua en los acueductos artificiales derivados de los cauces naturales o de sus obras de distribución, se han conformado las denominadas "Inspecciones de Cauces", que son asociaciones públicas no estatales constituidas obligatoriamente por todos los tenedores de derechos de agua que riegan por un mismo canal. Estas entidades son reconocidas como personas de derecho público, sin fines de lucro. No guardan relación de dependencia respecto del DGI. El Inspector de Cauce es un usuario elegido entre sus pares, y se renueva cada cuatro años.

Señala Pochat (2005) el DGI opera la conducción del agua en los ríos de la provincia, en los canales principales y las obras hidráulicas para almacenamiento, mientras que las Inspecciones de Cauce son las encargadas de la distribución del agua en la red menor de canales.

Señala Pochat (2005), los Inspectores de Cauce son jueces de agua de primera instancia y, como tales, deben decidir los eventuales conflictos que se suscitan entre los usuarios de su canal; administran el canal y vigilan la distribución del agua.

Más recientemente, han aparecido las denominadas "Asociaciones de Inspecciones de Cauce" (organismos de segundo grado), que son agrupaciones voluntarias de Inspectores de Cauces con intereses y objetivos comunes, para lograr una mejor y más eficiente administración del recurso, en procura del bien común zonal. En la actualidad hay alrededor de 160 Inspecciones de Cauce y 16 Asociaciones de Inspecciones de Cauce.

Pochat (2005) alude a la conformación de los Consejos Consultivos de Cuenca, los cuales constituyen foros de opinión sobre los problemas y soluciones para el mejoramiento del aprovechamiento sostenible de las aguas de cada río de la provincia. Están conformados en base a personas relacionadas directa o indirectamente con la gestión del agua en la cuenca correspondiente.

De acuerdo con Garduño (2003), los Consejos de Cuenca constituyen un mecanismo específicamente de consulta y gozan de la confianza de los usuarios. Señala que el mayor éxito de estos Consejos de Cuenca es haber entablado la discusión y el logro de acuerdos, de la totalidad de temas de interés general.

Señala Pochat (2005), que con la existencia de las Inspecciones de Cauces en la provincia de Mendoza se ha producido una administración basada en una descentralización de doble grado, ya que el DGI es un ente descentralizado y autónomo respecto del Poder Ejecutivo Provincial, y las Inspecciones de Cauces a su vez, lo son también respecto del DGI.

Sin embargo, Marré (2010) señala que desde la década de 1970 en adelante, se ha producido una constante intervención estatal sobre el DGI, en desmedro de dicha descentralización, interviniendo y eliminando Inspecciones, con la suspensión sistemática de las autoridades electas, y designando Inspectores de oficio. También, por medio de Resoluciones, decidiendo ajustes presupuestarios sobre la base de un aumento de la prorrata en el canon de riego, lo que se trata precisamente de una competencia propia de las Inspecciones de cauces, mediante asambleas de sus integrantes.

En función a lo expresado, Marré (2010) sostiene que si bien las normativas existen, queda en evidencia que se dan persistentes intromisiones desde los organismos estatales, por lo que en definitiva, el valor de las normas no radica en su puro contenido formal, sino que es la forma como se aplican y llevan a la práctica por la administración y los administradores, lo que les da su sentencia final en el sentido de resultar positivas o negativas para las necesidades y demandas de quienes son los destinatarios del servicio, en este caso, los usuarios del recurso hídrico

Expresa Marré (2010) que las Inspecciones de cauce tienen varias limitaciones para la gestión del recurso, entre las cuales menciona: a) han sido creadas legalmente para un único uso posible del agua: el riego, por lo cual, no pueden atender el abastecimiento de agua potable, la generación de energía hidroeléctrica, ni en el vertido de líquidos residuales; b) las Inspecciones no participan en el proceso de formulación de la política hídrica en la provincia; c) Si bien la Constitución de Mendoza y la Ley de Aguas lo promueven, no está implementado el concepto integral de administración por cuencas hidrológicas, ya que para la realidad hídrica de la provincia y el arraigado pensamiento Mendocino, la cuenca es el oasis cultivado, precisamente, donde se riega; d) no se encuentran facultadas para realizar un aprovechamiento conjunto de aguas superficiales y subterráneas; e) las Inspecciones no pueden asignar prioridades para el uso del agua.

#### *4.3.2. Comités de cuenca de la provincia de Santa Fe*

Se crearon por la ley N° 9830 del año 1985 (MAG, 1987), Decreto Reglamentario N° 4960/86. Dependen de la Secretaría de Aguas, perteneciente al Ministerio de Aguas, Servicios Públicos y Medio Ambiente de la Provincia. Actúan como personas jurídicas de derecho público. El Poder Ejecutivo podrá disponer la constitución de comités de cuenca, a los cuales les fijará competencia territorial (Pochat, 2005).

Señala Pochat (2005), que tienen como finalidad coadyuvar, con las reparticiones competentes de la Provincia, promoviendo el desarrollo del área a través del manejo y aprovechamiento del recurso hídrico. Sus funciones son, la ejecución de trabajos de mantenimiento y conservación de las obras existentes, la construcción de obras hidráulicas complementarias menores, la difusión y promoción de formas de manejo agrohidrológico.

Los Comités de Cuenca están integrados por representantes de cada uno de los distritos comprendidos en el área de su competencia territorial, en correspondencia con los entes comunales comprendidos, por beneficiarios de las obras, y por un representante del organismo competente del estado provincial.

Señala Ferreira (1998), que los Comités de cuenca, son conducidos por un Comité Ejecutivo designado por Asamblea Plenaria de sus miembros. Deben proponer al organismo provincial, el plan de trabajos a realizar en su jurisdicción, por cada año calendario. La Provincia tiene a su cargo el estudio, proyecto, y la dirección técnica de los trabajos, y puede autorizar al Comité a contratar con terceros, la realización de estudios y proyectos, los que luego, deben ser aprobados por el organismo provincial.

En cuanto a los mecanismos de financiamiento, expresa Ferreira (1998) que la ley estipula que la Provincia afecta a cada Comité de cuenca, equipos excavadores adecuados para la realización de obras de movimientos de suelos en el área rural, juntamente con el personal necesario para su operación. Por otro lado, impone la obligación de pagar un tributo por hectárea, a todos los propietarios de inmuebles ubicados en la jurisdicción del Comité, que se encuentren dentro del área de beneficios de las obras que se ejecuten, tributo que debe ser aprobado por Asamblea plenaria, la que está facultada también para disponer extender el pago de este tributo por hectárea, a todos los inmuebles dentro de su jurisdicción, cuando considere que debe prevalecer el carácter de beneficio general de la misma.

Señala Ferreira (1998), que una importante medida de la evolución de estos organismos, trascendiendo la ejecución de obras hacia una gestión más amplia del agua, ha sido su intervención en las situaciones de emergencia hídrica, lo que ha tomado relevancia en los últimos años. Como ejemplos, cabe citar las acciones encaradas en el primer cuatrimestre de 1998, tratando de mitigar los daños ocasionados por inundaciones atribuidas al fenómeno de El Niño, principalmente en el norte provincial, y el caso ante la crisis hídrica por escasez sufrida por la localidad de Tostado, donde el Comité de la zona aportó maquinaria y personal para ejecutar acciones en la emergencia.

Puede decirse, sostiene Ferreira (1998), que los Comités de Cuenca son eficientes en la construcción de obras menores, las que para el Estado provincial resultan imposible de concretar a lo largo de todo el territorio provincial. Las situaciones de emergencia hídrica, por otra parte, permitieron demostrar el buen comportamiento de las obras realizadas, ratificando la confianza de los productores en los Comités de Cuenca.

### *4.3.3. Comités de cuenca de la provincia de Buenos Aires*

Pochat (2005) señala que los Comités de Cuencas Hídricas de la provincia de Buenos Aires se insertan, como en todos los casos en Argentina, en un contexto de gestión de los recursos hídricos regido fundamentalmente por las entidades estatales provinciales de manejo del agua, en este caso, se trata de la Autoridad del Agua y de la Dirección Provincial de Obras Hídricas y Saneamiento (DPOHyS).

Los Comités de Cuenca tienen entre sus objetivos: Fijar las pautas para la preparación y ejecución de un programa de desarrollo integrado de la cuenca o región y atender su marcha; Evaluar iniciativas orientadas al desarrollo del área que plantee cualquier organismo estatal. Evaluar anualmente la marcha del cumplimiento de los objetivos de desarrollo de la región, para el conocimiento y consideración de los Poderes Provinciales.

Establece el Código de Aguas de la Provincia de Buenos Aires, que los Comités de cuencas hídricas provinciales estarán integrados por un representante de: a) cada municipio incluido en el área geográfica de su competencia y deberán contar, cada uno de ellos, con una Comisión Asesora, integrada por representantes de cada organismo, público o privado, que ejerza funciones relativas al agua en el área de su competencia; b) cada organismo nacional o interjurisdiccional que ejerza similares funciones; c) cada consorcio que desarrolle su actividad dentro de la cuenca o región hídrica, y d) los productores agropecuarios, la industria, el comercio y demás sectores económicos y sociales, propuestos por las instituciones de la región representativas del sector.

Los comités, en su organización, cuentan con un Comité Ejecutivo, constituido por los intendentes de los municipios involucrados en las cuencas, y un Comité Técnico Asesor, integrado por los Secretarios de Obras Públicas de los municipios, y representantes de la Autoridad del Agua, de la DPOHyS, y de la Dirección Provincial de Vialidad.

El Código establece, que la Autoridad del Agua podrá imponer como condición para construir, administrar, y operar obras hidráulicas de beneficio común, la creación de

Consorcios integrados por sus beneficiarios. Cuando el beneficiario sea una ciudad o pueblo, la autoridad municipal respectiva será miembro del consorcio. También podrán integrarlo los organismos estatales o privados prestatarios de servicios públicos de provisión de agua.

Advierte Pochat (2005), que no se ha legislado sobre su financiamiento, estando las acciones que actualmente se llevan a cabo, costeadas fundamentalmente por los municipios respectivos, por lo que, los Comités de cuenca, se encuentran fuertemente vinculados a los municipios de las cuencas que los integran.

El nexo con las autoridades provinciales lo constituye la Autoridad del Agua, de reciente creación y en proceso de consolidación institucional, advirtiendo al respecto Pochat (2005), que se observa una pobre articulación entre las tareas de los Comités con las dos entidades provinciales, la DPOHyS y la Autoridad del Agua, tanto en la propia ejecución de las obras, como en las vinculadas a la gestión del agua. Señala que la situación actual de los Comités, es de consolidación institucional, de instalación y de afianzamiento de la confianza y vínculos de trabajo en la sociedad local, por lo cual no se pueden evaluar éxitos relevantes de sus gestiones, no obstante lo cual rescata como destacables las interacciones logradas con los sectores productivos y representativos de la sociedad en los ámbitos respectivos.

Por otra parte, señala Pochat (2005) como un logro destacable, que se está avanzando en la creación de mejores niveles de conciencia y de comprensión en la población, sobre los procesos hidrológicos e hidráulicos en las áreas de llanura. Esto facilita la búsqueda de consensos a la hora de resolver conflictos. Un ejemplo de lo expresado son los avances producidos en la detección y control de canales clandestinos construidos para la evacuación de los volúmenes inundantes, tema que en la provincia ha tenido elevada conflictividad comunitaria.

### 4.4. Las organizaciones de cuenca en el Chaco

El manejo de los recursos hídricos en la provincia del Chaco se rige por el Código de Aguas[3], el que orienta la política hídrica provincial y regula las relaciones jurídico-administrativas que tengan por objeto los recursos hídricos. Establece, que la Autoridad de aplicación de todo el sistema normativo, es la Administración Provincial del Agua (APA), (CD, 2012).

En su cuerpo normativo, el Libro IX: refiere a la organización de los usuarios para la gestión en cuenca de los recursos Agua y Suelo, en las que denomina: Comisiones de Manejo de Agua y Suelo (COMAS). En dicho texto se define el modo en que las mismas estarán integradas, fijando que deberá existir una representación de, productores, propietarios o residentes en la jurisdicción en la proporción que se determine para cada una de ellas. Define que las COMAS, funcionarán como personas jurídicas de derecho público no estatales.

---

[3] Código de Aguas de la Provincia del Chaco, sancionado por Ley N° 3.230 en el año 1.986.

Este tipo de organización en la provincia, contaba al momento de su conformación, con un antecedente relativamente cercano. En el mes de Octubre del año 1981, el decreto/ley -de facto- N° 2644, publicado en el Boletín Oficial N° 4792 de fecha 30 de Octubre de 1981, crea las Comisiones de Manejo de Agua y Suelo: COMAS, cuya integración, objetivos, competencias y funcionamiento, se mantuvieron en el tiempo, al punto tal que, en el año 1986, la nueva legislación ha mantenido incluso para dichas organizaciones, el nombre de COMAS.

En el año 1989, el poder ejecutivo provincial dicta el Decreto[4] reglamentario que regula la constitución y funcionamiento de las COMAS, el que además, les otorga la posibilidad la posibilidad de federarse, especialmente a las de una misma cuenca hidrológica, con el objeto de: construir y operar obras hidráulicas públicas; realizar estudios y proyectos; contratar personal profesional o técnico para el servicio de las COMAS; adquirir equipos técnicos; realizar actividades de asistencia técnica y divulgación.

En el año 1996, se sancionan modificaciones al Código de Aguas de la provincia del Chaco, por medio de la ley N° 4255, la que entre las modificaciones generales que introduce, lo hace parcialmente en artículos del Libro IX, de las COMAS, caso del artículo 313) incorporando en la integración de las comisiones a un representante de cada uno de los municipios comprendidos en su jurisdicción; y el, artículo 316) eliminando la obligatoriedad por parte de la APA, de concurrir con un aporte económico para el desarrollo de los planes de manejo del agua en sus jurisdicciones, quedando ahora sólo

[4] Decreto N° 1.290 – Reglamentario de las COMAS, de fecha 19 de octubre de 1990

facultada para celebrar contratos o convenios con las COMAS y decidiendo allí el aporte económico con el que decide concurrir.

Esta Ley también modifica completamente el artículo 330) Disposiciones finales y transitorias, el que creaba un Consejo Asesor para que asista al directorio de la APA, creando ahora, Comités de Cuenca Hídrica en los que estarán representados: las organizaciones de usuarios, organizaciones intermedias, los municipios, delegados del estado, el INTA y cualquier otra entidad interesada en la problemática hídrica. Establece, que cumplirán funciones de: proponer a la APA, coordinar y/o conciliar todos los trabajos que en materia hídrica se necesite realizar, siempre que los mismos afecten al territorio de dos o más COMAS; y, fiscalizar el cumplimiento de trabajos aprobados por la APA cuando se afecten a dos o más COMAS.

Esta figura organizativa, Comité de Cuenca Hídrica, no existía en la versión inicial del código, del año 1986, y es conceptualmente, la reforma más trascendente introducida.

### 4.5. La experiencia local. El funcionamiento de la COMAS

A partir del año 1982, se constituyeron COMAS en gran parte de la provincia, conformadas por productores, con el objeto de entender en el manejo del recurso agua en las zonas rurales. Estas comisiones estuvieron concentradas en las zonas de producción agrícola fundamentalmente, motivados por las recurrentes inundaciones que sufrían por esa época.

Expresa Burgos[5] (1996): "durante los años 1982 a 1984, se crearon prácticamente, la totalidad de las COMAS que se conformaron en esa época, ubicadas sobre el domo agrícola Chaqueño". Señalando que las conformadas, eran 14 en total, pero con distintos grados de instrumentación, es decir, la mitad de éstas con funcionamiento efectivo, mientras que las otras, no obstante haber cumplido con las instancias y documentación que se requiere para su reconocimiento como tal, no llegaron a funcionar.

Señala Burgos (1996), que en esos años, las COMAS funcionaron resolviendo conflictos puntuales localizados entre productores vecinos, y ejecutando pequeñas obras, fundamentalmente de alcantarillado en caminos terciarios. Pero que a partir de los años 1986/87, comienza una intensa demanda de las COMAS requiriendo fondos al Estado Provincial, para la ejecución de obras hidráulicas como respuesta a los problemas de las inundaciones que los afectaban.

En la cuenca del Tapenagá, en la SA, en la zona rural cercana a Sáenz Peña, funcionó una de estas comisiones, denominada COMAS N°21- Bajo Hondo, que en su momento tuvo importante convocatoria de agricultores interesados y asociados, la que realizó numerosos trabajos de canalizaciones en su jurisdicción y por tanto exhibía una fuerte presencia.

Bareiro, et al (2004) señalan, que los conflictos por los intereses contrapuestos sobre los escurrimientos superficiales en los momentos de inundaciones, que se producían entre

[5] Licenciado Julio C. Burgos, Director de Coordinación, a cargo del Área encargada de la COMAS, de la entonces Subsecretaría de Recursos Hídricos de la Provincia del Chaco.

los productores ubicados aguas arriba versus los ubicados aguas abajo, se vieron agravados por la inexistencia de obras básicas de desagüe, por la inadecuada infraestructura hidráulica de las obras viales, y, por la falta de planificación hídrica y su consiguiente previsión.

Al respecto, Burgos (1996) señala, "ante la mayor presencia de agua, la respuesta que invariablemente planteaban la COMAS, era la construcción de canales, y como los mismos se ejecutaban con fondos exclusivamente estatales, el organismo hídrico rápidamente agotó sus partidas presupuestarias, por lo que no podía asumirlos".

Ante la situación, la COMAS 21, dentro del plan de trabajos previsto, se vio obligada a seleccionar las obras que se podrían realizar, en función de los fondos recibidos. Esto fue motivo de conflictos entre los productores, con denuncias públicas sobre la arbitrariedad en la selección de las obras a ejecutar, cuestionándose que sólo se priorizaban las obras que beneficiaban a las propiedades de los integrantes de la Junta Directiva de la COMAS.

Así, se generó un clima de alta conflictividad en la cuenca entre los agricultores, llegando incluso a formularse denuncias judiciales por mal manejo de fondos estatales asignados a la comisión, lo que finalmente derivó en una situación pública muy notoria, en la que se mezclaron cuestiones de tipo política, tales que, desde el gobierno se suspendieron los aportes voluntarios que les realizaba, con lo cual se paralizaron la totalidad de las obras que se ejecutaban, por lo que finalmente la COMAS, en medio del descrédito generalizado, y sin operatividad alguna por no contar fondos propios, se disolvió.

Este tipo de situación, aún con las particularidades locales y sin alcanzar el nivel del conflicto de la COMAS N° 21, se repitió en general, en las otras COMAS que se encontraban en funcionamiento en el territorio provincial, por lo que entre fin del año 1988 y principios de 1989, en toda la provincia, no quedaron comisiones funcionando.

Precisamente Ostrom (1995) señala como una de las amenazas que atentan contra la sostenibilidad de las instituciones a largo plazo, a la disponibilidad de fondos importantes otorgados por autoridades externas que aparecen como "dinero fácil". Las grandes cantidades de recursos externos que remplazan los recursos generados localmente, hacen que la conexión financiera entre provisión y uso, se pierda, y por tanto, estos fondos pueden socavar la capacidad de las instituciones locales para mantenerse a largo plazo.

El Decreto reglamentario de las COMAS del año 1989, no introduce reformas ni cambios a su constitución y funcionamiento. Burgos (1996) señala que lo "extemporáneo" de la firma de ese Decreto, sólo encontraría explicación, ante la necesidad política del gobierno de mostrar a la sociedad, que se estaba trabajando en el tema, y que aquélla situación conflictiva suscitada con las COMAS, se encontraba solucionada.

Recién en el año 2004 desde el estado, hubo un intento de organización de los productores en la cuenca del Tapenagá, en el marco de la construcción de la red de desagües (crédito PROSAP), promoviendo la conformación de comisiones para la gestión del agua, impulsando el cambio de la legislación. Sin embargo, finalizada la operatoria crediticia, no se logró avanzar en algún modelo de organización en ese momento.

De la descripción aquí efectuada, surge con claridad como una iniciativa de base participativa, y que de algún modo reflejaba los principios de la GIRH, no tuvo la sostenibilidad necesaria. Resulta entonces conveniente en el marco de esta tesis, efectuar un análisis de los factores y circunstancias que por un lado dieron origen y fortalecieron a las COMAS, y por otro originaron su deterioro y posterior desaparición. Para tal fin se desarrolla a continuación un análisis FODA de las COMAS, planteando primeramente Fortalezas y Debilidades, y luego, Amenazas y Oportunidades.

## 1. Fortalezas

Integradas por productores y residentes de la zona rural, tratando temas vinculados al manejo del agua, con los cuales conviven a diario, y son de su inmediato interés

Los integrantes de la COMAS en general, también integraban otras organizaciones comunitarias similares, de manera que tienen conocimiento de la mecánica de funcionamiento y de los manejos administrativos y contables que requieren este tipo de organizaciones

Las reuniones se realizaban dentro de la misma zona de su jurisdicción, con lo cual, las distancias que debían recorrer eran cortas, lo que les facilitaba su asistencia

El productor agropecuario tenía mucho respeto por la organización, y las decisiones que tomaban, aún en el disenso eran respetadas por todos lo miembros de las COMAS

## 2. Debilidades

Si bien el objeto de las Comisiones es el Manejo de Aguay Suelo, en la práctica tuvieron un enfoque estrictamente sectorial en el agua, centrado con exclusividad en la eliminación de excesos y los desagües de los campos

Fue notoria la carencia de asistencia técnica específica, que les brindara orientación y soporte a las ideas y planificaciones elaboradas

Ausencia del concepto integral e integrado en la gestión de la cuenca, trabajaron exclusivamente pensando obras dentro de los límites de su jurisdicción

No poseían financiamiento propio, por lo cual se encontraban condicionados al aporte que hiciera el gobierno provincial

## 3. Amenazas

Durante esos años, se produjeron lluvias importantes de carácter regional, sufriendo importantes inundaciones

Dado la gravedad del fenómeno de inundación por esos años, tanto los productores ubicados aguas arriba, como los ubicados aguas abajo, realizaron algún tipo de obra hidráulica de defensa o desagüe para sus parcelas, lo que ante la reiteración de las lluvias, se les generaban constantes situaciones de conflicto social

Se produjo la intromisión político/partidaria en el seno de la Junta directiva

## 4. Oportunidades

Con motivo de las importantes lluvias e inundaciones que ocurrieron esos años, desde el gobierno provincial se ponía mucha atención al tema, y consecuentemente, de recursos económicos

La organización de las COMAS, era bien recibida en el seno de la sociedad en general, y contaban con el acompañamiento de todos los partidos políticos con representación parlamentaria

Los consorcios camineros de la zona, se mostraban dispuestos a trabajar en forma conjunta, dado los inconvenientes que las inundaciones provocaban a la red de caminos

## 4.6. Aspectos relevantes del capítulo

En el mundo, las organizaciones normalmente se constituyen bajo diferentes figuras o acuerdos, según sean los objetivos fijados, los sistemas legales y administrativos existentes y los recursos humanos y financieros disponibles, y las mismas, funcionan de acuerdo a su mandato específico de creación, es decir de las razones centrales por las cuales se pone en marcha la iniciativa de organización. Este, se constituye en un lineamiento central para el desarrollo del modelo de organización de actores.

Ante la evolución y los cambios que se producen en los contextos internacionales, regionales y nacionales, las organizaciones de cuenca se van adaptando a los cambios de rumbo político y a sus eventuales reformas administrativas. Estas adaptaciones alcanzan a su sistema de gobernabilidad, su estructura, composición y mandatos, aspectos que marcan la "flexibilidad" que en este sentido deben tener este tipo de organizaciones.

Entre las características distintivas más importantes de los organismos de cuenca se encuentra su forma de constitución, entre los que se puede distinguir: 1) si es un órgano formal de gobierno constituido por ley; 2) si es una entidad gubernamental con facultades jurídicas limitadas; o, 3) si se trata de un organismo no gubernamental informal y sin facultades jurídicas de ningún tipo.

Otra de las características importantes está referida a sus funciones: a) si construyen, operan, son propietarios, efectúan mantenimiento, de la infraestructura tales como represas, canales, vías de navegación, plantas hidroeléctricas, obras de riego, compuertas, acueductos, etc., o, b) si son encargados de realizar tareas denominadas blandas en gestión del agua como consejeros o asesores.

Un aspecto controversial y generalizado en las organizaciones de cuenca, es la carencia de apoyo financiero, el que no es un tema menor, y es causa de muchos de los problemas para que los organismos de cuenca no puedan cumplir con sus roles, y se transforme finalmente en la causa principal de su desaparición. Dado que las cuencas son un bien público, cuya sostenibilidad y desarrollo es de interés comunitario, el financiamiento para su gestión debiera provenir, necesaria y principalmente, de fuentes públicas. Razón por la cual debe tener una evaluación precisa y realizable, tal que dé sustento a la propuesta a realizar.

Estando el agua tan intrínsecamente ligada a las formas de ser de la sociedad y al entorno, no hay respuestas únicas ni sencillas que garanticen su gobernabilidad. Cada sociedad tiene condiciones naturales, grupos y estructuras de poder y necesidades, que deben ser objeto de una atención específica en el proceso de diseño, caso contrario, se tiene el riesgo de no considerar los elementos que aseguren su viabilidad, tales como: a) Las características étnicas y culturales prevalecientes; b) La historia institucional del sector; c) El marco económico, las ideas y prácticas, sociales y económicas, la capacidad de los distintos actores existentes y sus condiciones socio-económicas; d) La capacidad de gestión del Estado; y e) Las características geográficas.

En la República Argentina existe una importante diversidad de formas organizativas, desde estructuras con funciones amplias, desarrolladas con el objetivo de encarar la mayor parte posible de sus actividades con personal propio; pasando por estructuras con funciones intermedias, hasta estructuras con funciones reducidas, concebidas para llevar a cabo fundamentalmente tareas de supervisión, coordinación y control, encomendando las otras tareas a terceros; y también, entidades sin estructura propia, para los que se prevé la derivación de los proyectos concretos a los organismos competentes provinciales u otras instituciones especializadas.

Puede apreciarse que en los casos de las entidades interjurisdiccionales de mayor antigüedad, la participación de los actores e interesados, prácticamente no existe, pero se lo está incorporando paulatinamente en los más nuevos.

La consideración de un aspecto tan trascendente como la participación de los propios interesados, está contemplada en todos los documentos que han surgido de las reuniones internacionales que tratan sobre organizaciones de cuenca. En la Argentina, se encuentran incluidos en los Principios Rectores de Política Hídrica, a los que adhieren todos los estados federales y el estado nacional.

Se puede comprobar en general, el peso predominante que tienen los organismos estatales de gestión hídrica en todas las organizaciones de cuenca, tanto en las provinciales, como en las interjurisdiccionales. El rol estatal es necesario e irremplazable, pero no obstante, cada día surge con mayor énfasis la necesidad de incorporar, con mayor protagonismo, a los otros actores de las cuencas.

La creación de ACUMAR, constituye un dato nuevo en cuanto a los tipos de organizaciones de cuenca, puesto que la amplitud de competencias y atribuciones asignadas a la misma, tal como ejecutar y llevar adelante el Plan Integral de Saneamiento Ambiental, poseer facultades de promoción y fomento, de regulación, control y fiscalización, y, poseer poder preventivo y sancionador; contrasta fuertemente con el carácter restringido a sólo un aspecto específico de la administración del agua, tal como la generación y distribución de energía, la asignación de caudales, o la prevención de las inundaciones, como venía ocurriendo hasta el momento en la conformación de organismos de cuenca en Argentina.

Existen en la República Argentina, y funcionando desde hace muchos años, una importante diversidad de formas organizativas de cuenca, de acuerdo a las condiciones particulares, y las razones centrales por las cuales se decidió poner en marcha la iniciativa de organización, las que en mayor o menor medida, han respondido a las expectativas iniciales. Por lo cual, es difícil llegar a conclusiones ajustadas sobre qué tipo de forma organizativa es la más adecuada para cada caso en particular.

De los tres casos mencionados de organizaciones que gestionan el agua dentro de una jurisdicción provincial, el del DGI de Mendoza es el de mayor antigüedad (más de 100 años), con mucho arraigo comunitario y reconocimiento a nivel del país, y presenta interesantes instancias de participación de actores, y de autogestión, no obstante, no se trata de una organización de cuenca ya que su objeto es el riego, y por tanto su accionar se circunscribe estrictamente al área de operación de los canales de riego, y por otro lado, no se encuentra facultado para realizar el aprovechamiento o manejo integral del recurso.

En el caso de los comités de cuenca de la provincia de Santa Fe, creados en el año 1985, estos actúan como personas jurídicas de derecho público, El Poder Ejecutivo dispone la constitución de comités de cuenca, a los cuales les fijará competencia territorial, con lo cual, no queda establecido el concepto de cuenca hídrica universalmente aceptado.

Tienen como finalidad coadyuvar, con las reparticiones competentes de la Provincia, promoviendo el desarrollo del área a través del manejo y aprovechamiento del recurso hídrico. Sus funciones son, la ejecución de trabajos de mantenimiento, conservación y construcción de obras hidráulicas menores y la difusión y promoción de formas de manejo agrohidrológico, es decir que su objeto es la gestión del recurso hídrico.

Están integrados por representantes de cada uno de los distritos comprendidos en el área de su competencia territorial, en correspondencia con los entes comunales comprendidos, por beneficiarios de las obras, y por un representante del organismo competente del estado provincial. Son conducidos por un Comité Ejecutivo el que es designado por Asamblea Plenaria de sus miembros.

Como mecanismos de financiamiento, la provincia afecta a cada comité de cuenca, equipos excavadores para la realización de obras, juntamente con el personal necesario para su operación, y, se ha creado un gravamen por hectárea, a pagar por todos los propietarios de inmuebles ubicados en la jurisdicción del correspondiente comité.

Los comités resultan eficientes en la construcción de obras menores, cubriendo un sector que para el Estado provincial resulta imposible de atender a lo largo de todo el territorio provincial. Las situaciones de emergencia hídrica, por otra parte, demostraron el buen comportamiento de las obras realizadas, ratificando la confianza de los productores en los comités de cuenca.

Estos comités, además de su proximidad geográfica con la cuenca del Tapenagá, presentan un tipo de organización que guarda mucha similitud con el modelo de COMAS, destacándose que, al año 2012 llevan 27 años de funcionamiento.

Los Comités de cuenca Hídrica de la provincia de Buenos Aires se insertan, como en todos los casos en Argentina, en un contexto de gestión de los recursos hídricos regido fundamentalmente por las entidades estatales provinciales de manejo del agua.

En su organización, cuentan con un Comité Ejecutivo constituido por los intendentes de los municipios involucrados en las cuencas, y un Comité Técnico Asesor, integrado por los secretarios de obras públicas de los municipios, y representantes de la Autoridad del Agua, de la DPOHyS, y de la Dirección Provincial de Vialidad.

Tienen entre sus objetivos: Fijar las pautas para la preparación y ejecución de un programa de desarrollo integrado de la cuenca; evaluar iniciativas orientadas al desarrollo del área; evaluar anualmente la marcha del cumplimiento de los objetivos de desarrollo de la región, para el conocimiento y consideración de los Poderes Provinciales.

La legislación correspondiente, no ha previsto nada sobre su financiamiento, estando por tanto, las acciones que actualmente se llevan a cabo, costeadas fundamentalmente por los municipios respectivos, por lo que los comités de cuenca, se encuentran fuertemente dependientes de los municipios de las cuencas que los integran.

En el Chaco, el Código de Aguas prevé la conformación de las COMAS, integradas por productores, propietarios, residentes, y un representante de los Municipios comprendidos en su jurisdicción, y define que las mismas funcionarán como personas jurídicas de derecho público, no estatales.

Su objeto, es el manejo y aprovechamiento del agua en su jurisdicción, facultada para construir y mantener, canales de desagüe y drenajes, aducciones y obras de arte accesorias; velar por el cumplimiento de las obligaciones del Código, reglamentos y resoluciones de la autoridad de aplicación, y de los estatutos específicos de las COMAS; facilitar las actividades de policía administrativa de la autoridad de aplicación, sus agentes y delegados.

El área de jurisdicción de cada COMAS, deberá tener en cuenta no solamente la división político administrativa, sino principalmente criterios hídricos de cuencas y subcuencas, hidrológicas e hidrogeológicas.

No tienen financiamiento previsto, sea para su equipamiento, como para funcionamiento. En el caso de la operación y mantenimiento de obras hidráulicas privadas, de interés y beneficio de sus asociados, o públicas que les sean entregadas en administración por la APA, están facultadas a cobrar cuotas de costos de operación y mantenimiento que deban pagar los usuarios y beneficiarios, aunque no sean miembros de la COMAS respectiva.

Se han creado los Comités de Cuenca Hídrica, figura atractiva y sumamente necesaria a los efectos de la organización en la cuenca, no obstante, se le ha dado un carácter de organización de primer grado en la que estarán representadas las organizaciones de usuarios, organizaciones intermedias, los municipios, delegados del estado, el INTA y cualquier otra entidad interesada en la problemática hídrica. Es decir que tiene el mismo grado de organización de las COMAS, con los mismos actores, y coexisten en paralelo, con lo cual se pierde el concepto integrador que supone la formación de un Comité de cuenca.

La idea de transversalizar e integrar acciones, queda en evidencia cuando la normativa establece que cumplirán funciones de, proponer a la APA coordinar y/o conciliar todos los trabajos que en materia hídrica se necesite realizar, siempre que los mismos afecten al territorio de dos o más comas; y, fiscalizar el cumplimiento de trabajos aprobados por la APA cuando se afecten a dos o más COMAS.

Sin embargo, en todo el período de funcionamiento de las COMAS entre 1982 a 1988, nunca se llegó a constituir un Comité de cuenca. Las sucesivas legislaciones que se fueron sancionando, mantuvieron la estructura central de este modelo de organización.

La COMAS 21 de la Colonia Bajo Hondo, en la SA, concitó el interés de los agricultores, que se reflejaba en la gran convocatoria de asociados cada vez que realizaban asambleas para tratar temas específicos.

Como aspecto positivo, realizaron su administración por autogestión, mediante la cual ejecutaron obras para manejo hidráulico del agua y atendieron conflictos entre productores vecinos, por el manejo del agua superficial.

Entre las causas que incidieron en dicho momento para el fracaso de la experiencia, debemos mencionar: la confusión o muy poca claridad de los roles institucionales de los organismos públicos con ingerencia en la cuenca; la falta de instrumentos de gestión, e incluso, lo inapropiado de algunos existentes; la falta de recursos financieros, que lo hizo dependiente del aporte voluntario del gobierno de turno; la falta de una visión mas amplia, a nivel de cuenca; falta de planificación hídrica; falta de coordinación con otros actores de su jurisdicción y de la cuenca; poca participación de los asociados en todas las instancias de gestión; ausencia de una instancia de seguimiento y fiscalización del accionar, por parte de los asociados; falta de una instancia de asesoramiento para el adecuado marco a los proyectos que planteaban.

Lo señalado en torno a las organizaciones para la gestión del agua en Chaco, visibiliza una situación de estructuras institucionales creadas en el contexto de un marco normativo dado, el Código de Aguas de la Provincia, pero con deficiencias tanto a la hora de precisar sus roles institucionales como en la definición e implementación de los instrumentos de gestión necesarios para su buen funcionamiento. Este cuadro de situación, constituye un punto de partida válido para la fase propositiva de esta tesis, en la cual se habrá de proponer un esquema organizativo que rescate la fortalezas de las estructuras existentes, pero corrija sus debilidades, adecúe funciones y provea de elementos instrumentales que aseguren y viabilicen el cumplimiento de sus objetivos en el marco de los paradigmas de la GIRH.

# 5 – IDENTIFICACIÓN DE ACTORES CLAVE

## 5.1. Importancia

En las cuencas hidrográficas habitan, trabajan, o tienen responsabilidades, productores, familias, organizaciones o instituciones, con diferentes responsabilidades y grados de participación, sin embargo, no todos tienen en claro que es una cuenca hidrográfica y la responsabilidad que les cabe en el manejo de la misma, por esta razón adquiere importancia la identificación de actores clave para la gestión (Faustino et. al, 2006).

Las superficies de la cuenca pueden ser de propiedad privada, o de propiedad colectiva, tanto pública en la órbita estatal, como privada en la órbita de una asociación comunitaria. Por ello, la visualización de los grupos de interés es fundamental por su incidencia en la cuenca, y su manejo ante situaciones de inundación y sequía. Estos grupos de interés generalmente no se encuentran organizados, y menos, articulados unos con otros (Prins y Kammerbauer, 2009).

La identificación de actores clave es el primer paso para evaluar posibles modelos organizativos a implementar en una cuenca, y su análisis, tiene el objetivo de identificar el interés, importancia e influencia que estos tienen sobre el territorio y sobre los programas y proyectos que en él se realizan. Expresan Rietbergen-McCracken y Nayaran (1998), que esta identificación de actores y grupos de interés, nos permite saber a quién involucrar y de qué modo.

La identificación de actores clave se hizo desde dos dimensiones. Una de ellas corresponde a la "esfera de acción" o proceso relevante del que participan los interesados, en el marco de la estructura de organización de la sociedad (Urrutia, 2004). La otra, corresponde al "enfoque de influencia", que los distintos actores tienen sobre el proyecto o política de intervención considerados, denominado Análisis Social (Chevalier y Buckles, 2006).

## 5.2. Actores en función de su esfera de acción

Señala Urrutia (2004) que se deben conocer los actores en los procesos: a) económicos, b) socioculturales, c) socioambientales y d) políticos.

Se utilizó a este efecto, la *identificación nominal de actores* (Chevalier y Buckles, 2006) a partir de la revisión de fuentes secundarias como informes del proyecto denominado Saneamiento hídrico y desarrollo productivo de la cuenca línea Tapenagá; del Plan de Desarrollo Indígena; de informes productivos anuales, sectoriales e informes del Consejo Económico y Social de la Provincia (CONES, 2012).

Con dicha información, se efectuó un trabajo de campo cotejando la información obtenida de las fuentes secundarias. Se realizaron también entrevistas a distintos actores con actividad en la cuenca, productores, pobladores, así como funcionarios e integrantes de los organismos estatales públicos con presencia en la cuenca, con el objeto de considerar eventuales aspectos que genera la dinámica de las relaciones entre grupos y sectores sociales, y a la vez, a partir de la base conceptual del presente trabajo, ir integrando los criterios y las opiniones de los actores en esta etapa de identificación.

Las entrevistas se realizaron utilizándose la metodología de diálogo no-estructurado, realizado en el mismo entorno en donde la gente desarrolla su vida cotidiana y acontecen las situaciones que interesa investigar. Permiten captar experiencias vividas y, facilitar una cierta confrontación entre lo que se dice y la conducta real, aportando mayor veracidad y fiabilidad a la información obtenida.

Señala Ander-Egg (2003), que la denominación de entrevistas informales, no significa que en ellas se hable de cualquier cosa, ya que a la misma se lleva un guión, un bosquejo o un esquema, orientador de las conversaciones a fin de que éstas sirvan para la obtención de información útil en esta fase exploratoria.

Se realizaron 42 entrevistas a distintos actores, abarcando los grupos y sectores que aparecen como de mayor actividad y de conocimiento de la cuenca, esto es: Productores agropecuarios; Profesionales intervinientes en la ejecución del proyecto de saneamiento hídrico; responsable del Programa de Desarrollo Indígena; profesionales de la APA que actuaron coordinando la ejecución del proyecto de saneamiento y que además actuaron en calidad de inspectores de obras; cooperativas algodoneras, consorcios camineros, iglesias, funcionarios políticos de conducción, y funcionarios responsables de direcciones orgánicas, del Ministerio de la Producción, APA y la DVP, Intendentes, concejales, presidente del IDACh y consorcios de servicios productivos rurales.

En la Tabla 5.1., se presenta un resumen general de los actores entrevistados, agrupados por sectores, identificando la actividad que realizan, y su cantidad.

Tabla 5.1. Resumen de las entrevistas realizadas

| **Sector** | **Actividad** | **Cantidad** |
|---|---|---|
| Productores | Agricultura/Ganadería/ Mixta/Forestal | 8 |
| Ejecutores del proyecto de saneamiento hídrico | Coordinadores/Responsables/ Consultores/Promotores | 5 |
| Plan Desarrollo Indígena | Responsable del plan | 1 |
| Ministerio de la Producción | Funcionario de conducción Directores orgánicos | 3 |
| Administración Provincial del Agua | Funcionarios de conducción Directores orgánicos/Profesionales | 9 |
| Dirección de Vialidad Provincial | Ingeniero Jefe | 1 |
| Cooperativas Algodoneras | Integrantes Directorio | 2 |
| Consorcios camineros | Consorcistas | 3 |
| Iglesias | Asistentes | 2 |
| Municipios | Intendentes | 2 |
| Consejos municipales | Concejales | 2 |
| IDACh | Presidenta | 1 |
| Consorcios Prod. Serv. Rurales | Presidente | 1 |
| Escuelas Rurales | Maestros | 2 |
| **Total** | | **42** |

En el Anexo I: Actores entrevistados, se detallan las entrevistas realizadas, identificando cada actor, la actividad que realizan, su ubicación, funciones en el caso de los intervinientes en la ejecución del proyecto de saneamiento hídrico y de los organismos públicos.

### *5.2.1. Actores del proceso económico*

En el proceso económico, hay diversos actores cuya presencia es acotada en el tiempo y además, es de tipo circunstancial, dependiendo dominantemente de condiciones generales de la economía y de la producción, y que por lo tanto no fueron considerados como actores permanentes, entre los que se encuentran:

1. cosecheros manuales del algodón: prácticamente reducidos a una mínima cantidad por el avance de las modalidades de cosecha basados en la mecanización de la misma; esto ha producido un notable cambio cultural en todo el proceso algodonero, el que se realiza en función de las características de diseño que presentan las máquinas cosechadoras.
2. vendedores ambulantes: normalmente asociados a los cosecheros manuales del algodón, quienes constituían su objeto principal de venta, por lo que su presencia se encuentra igualmente reducida y condicionada.
3. prestadores de servicios agrícolas: para tareas de arado de campos y siembra de algodón, que han sufrido los altibajos de dicho cultivo, fundamentalmente por la reducción de la superficie, ante el avance de la soja, por lo que su presencia en consecuencia, sufre una importante contracción asociada.
4. trabajadores rurales temporarios: peones y ayudantes en el sector agrícola, han sufrido una fuerte disminución, precisamente por el fuerte impacto de la mecanización en general en el sector; en el sector ganadero, su demanda es concentradamente estacional, siendo a la vez, bajo en cuanto a cantidad de trabajadores demandados.

5. transportistas de productos agropecuarios: básicamente en agricultura, ganadería y forestal. Esta demanda es concentradamente estacional en función del traslado final de las respectivas producciones de los sectores, cuyas temporadas son diferentes para cada sector, por lo que no se produce coincidencia temporal en las demandas.

*Actores permanentes identificados en el proceso económico:*

a) Productores agrícolas

b) Productores ganaderos

c) Productores forestales

d) Cooperativas algodoneras

e) Productores de subsistencia

**a) Productores agrícolas**

Ubicados mayoritariamente en la SA. En términos generales este productor ha mostrado una importante evolución, tanto en el manejo de los suelos como en el abandono de prácticas de monocultivo.

*Fortalezas de los productores agrícolas*

1. Tienen un importante conocimiento en general de cuestiones vinculadas a la tecnología sobre sus suelos, y consultan normalmente las cartas de suelos de sus respectivos departamentos catastrales
2. vocación para el trabajo comunitario, productivo o social, integrando consorcios camineros, cooperadoras escolares, e iglesias.

3. Marcada tendencia a trabajar en forma asociativa, a integrar cooperativas en el sector, motivando que durante la década de los 70 y gran parte de los 80 en la cuenca existieron varias cooperativas agrícolas, que integraron el fuerte movimiento cooperativista que tuvo la provincia en esos tiempos.
4. Gran apertura a incorporar innovaciones en los procesos productivos, buscando el incremento de la producción.
5. Arraigada vocación agrícola. Ante la ocurrencia de inconvenientes que afectaron el desenvolvimiento del sector, ocurridas promediando los años 90, busca alternativas dentro del mismo sector agrícola. En efecto ante recurrentes problemas en el cultivo del algodón, se volcó como alternativa al cultivo de la soja. Esto se puede apreciar en la Tabla 5.2., en el que se caracteriza la evolución que mostraron en la cuenca, el crecimiento de las superficies cosechadas de soja y la reducción de las del Algodón, entre los años 1995 y 2011,

Tabla 5.2. Comparación de la evolución de las superficies cosechadas de soja y algodón, entre las campañas agrícolas de 1995/96 y la de 2010/11

| | Campañas agrícolas (ciclo anual) | | |
|---|---|---|---|
| Cultivos | 1995/96 | 2001/02 | 2010/11 |
| Soja | 10.624 | 84.542 | 105.267 |
| Algodón | 297.150 | 58.567 | 28.302 |

Fuente: (MP.DA, 2012; SIIA, 2012).

6. Presentan una adecuada familiaridad con las obras hidráulicas construidas, a tal punto, que hoy incluso realizan diversas propuestas de modificaciones o adaptaciones, con el objeto de mejorar su aprovechamiento.

*Debilidades de los productores agrícolas*

1. La intensidad del uso del suelo que plantea la actividad agrícola de la soja, y la carga de productos químicos que deben aplicarse en cada ciclo, enmascarado por los buenos rendimientos económicos que produce, hace que los productores no perciben como un problema a atender la degradación de los suelos, cuyas consecuencias, se estima que comenzarán a evidenciarse en los próximos 5 o 6 años venideros.
2. el productor agrícola no reconoce como un problema a atender, la erosión hídrica de los suelos y los efectos que ello le acarrea
3. Su fuerte vocación agrícola, lo mantiene mentalmente estructurado en dicha posición por la cual evita considerar diversificaciones productivas en su actividad, aún siendo complementarias a la misma o derivadas de aquélla, que pudieran constituirse en fuentes de ingresos económicos.

**b) Productores ganaderos**

Dominantemente ubicados en las SM y SB. En términos generales presentan una importante incorporación de tecnología en sus procesos productivos.

*Fortalezas de los productores ganaderos*

1. Presentan un importante nivel de conocimientos específicos en el desarrollo de su actividad
2. Esta experiencia en el sector, les facilita el manejo ante situaciones críticas como las que imponen los períodos climáticos extremos, tanto de sequía como de inundaciones.
3. Presentan una adecuada familiaridad con las obras hidráulicas construidas, a tal punto, que hoy incluso realizan diversas propuestas de modificaciones o adaptaciones, con el objeto de mejorar su aprovechamiento.
4. Fuerte vocación de agremiación a través de las denominadas Sociedades Rurales, mediante las cuales canalizan, la comercialización de la hacienda, así como la defensa de sus intereses gremiales y sectoriales.

*Debilidades de los productores ganaderos*

1. no existe en los productores, la práctica cultural de la implementación a nivel de los establecimientos, de medidas de prevención para enfrentar fenómenos de sequía o de inundaciones
2. se acercan a las Sociedades rurales fundamentalmente con fines de comercialización de sus haciendas, y en este sentido lo hacen con la que les ofrece mejores posibilidades económicas, en consecuencia, pueden estar asociados a una Sociedad Rural ubicada relativamente lejos, resultando entonces que adolecen del carácter local o de cuenca

**c) Productores forestales**

Mayoritariamente ubicados en la SA. En la cuenca, los suelos cuyos montes se explotaban, posteriormente pasaban a incorporarse a procesos productivos agropecuarios, por lo cual, esta actividad está centrada sobre los montes nativos.

*Fortalezas de los productores forestales*

1. no obstante el estado de degradación del monte nativo, producen elementos alternativos factibles de su explotación con fines comerciales, tales como elementos para granjas, varillas, corrales, carbón y leña
2. tienen un importante conocimiento tecnológico y operativo del proceso productivo de madera destinada a la fabricación de muebles del hogar
3. maneja adecuadamente el mercado de comercialización de sus productos, tanto a nivel local como regional de demanda
4. en general se integran a las asociaciones zonales de productores forestales

*Debilidades de los productores forestales*

1. han desarrollado una cultura laboral sobre el monte, meramente extractiva, de la que no forma parte la plantación compensatoria de especie o la reforestación
2. culturalmente el sector presenta mucha informalidad y precariedad laboral, cuestión que todavía el productor no lo considera un aspecto prioritario, lo que en primera instancia se presenta como una dificultad para el desarrollo sostenible del sector
3. considera a las asociaciones de productores forestales que integra, como una entidad de defensa de los intereses sectoriales, excluyendo la posibilidad comercial o de negocios

**d) Cooperativas algodoneras**

Tienen presencia en la cuenca, desde 1930 en adelante, adquiriendo importancia con el auge productivo y económico que tomó el cultivo del algodón en la región al que, en su esplendor, se lo comenzó a llamar el "oro blanco" (Valenzuela, 2005).

La participación de las cooperativas en el contexto general del movimiento del algodón en bruto, en totales por campaña de producción, presenta variaciones interanuales, con un valor promedio del 30% del total producido, correspondiendo el resto a desmotadores particulares según las Estadísticas Algodoneras (MP.DA, 2012; MGAyP, 2012). Esta instancia corresponde básicamente a la etapa final, de comercialización del producto, no obstante lo cual, las Cooperativas ejercen una instancia de representación de los distintos problemas de sus asociados, quienes a su vez integran la conducción de las mismas, cuestiones que no se dan en el caso de los desmotadores particulares.

Se presenta a continuación, la Tabla 5.3., con la evolución y participación de las cooperativas desmotadoras y los desmotadores particulares, en el movimiento del algodón en bruto

Tabla 5.3. Participación de Cooperativas y Desmotadoras en el movimiento del Algodón en bruto

| | Cooperativas Desmotadores | | Desmotadores particulares | | |
|---|---|---|---|---|---|
| Campaña | (tn) | (%) | (tn) | (%) | Total (tn) |
| 2006/07 | 41.843 | 35,70 | 75.371 | 64,30 | 117.214 |
| 2007/08 | 26.717 | 38,17 | 43.285 | 61,83 | 70.002 |
| 2008/09 | 24.890 | 23,22 | 82.290 | 76,78 | 107.180 |
| 2009/10 | 58.335 | 27,75 | 151.883 | 72,25 | 210.217 |
| 2010/11 | 41.150 | 24,73 | 125.272 | 75,27 | 166.422 |

Fuente: (MP, 2012).

El detalle de las cooperativas con participación en la Cuenca, es el siguiente:

1. Cooperativa La Unión Limitada, de Presidencia R. Saenz Peña
2. Cooperativa Agropecuaria El Progreso, de Presidencia R. Saenz Peña
3. Cooperativa Agropecuaria de Presidencia R. Saenz Peña Limitada
4. Cooperativa Unión y Trabajo Limitada, de Quitilipi
5. Cooperativa Agropecuaria, de Machagai
6. Cooperativa Agrícola Limitada, de Presidencia de La Plaza

En el Anexo II. Cooperativas Agropecuarias, se presenta una ficha técnica, con datos de, ubicación, código postal, correo electrónico, matrícula, N° de CUIT, fecha de inscripción, teléfono, nombre y apellido de su representante comercial, tipo de actividad, servicios que ofrece, alcance geográfico de comercialización, capacidad productiva, monto anual producido, y, tipo de distribución de lo producido que ofrece.

*Fortalezas de las cooperativas algodoneras*

1. presencia de trabajo de muchos años en la región, por lo que se han constituido en centros de referencia en sus respectivas ciudades, para el acopio y la comercialización del algodón,
2. los largos años de trabajo en el rubro hacen que mantengan operativa y actualizada la cadena de comercialización hacia los centros nacionales demandantes del producto,

3. las extremas fluctuaciones vividas, tanto desde el sector productivo como desde el aspecto financiero, les proporciona una importante y única experiencia en el rubro.

*Debilidades de las cooperativas algodoneras*

1. no se destacan por presentar una avanzada actualización tecnológica
2. muy poca capacidad de diversificación, estas cooperativas han mantenido un carácter casi exclusivo de algodoneras, por lo que se encuentran ligadas a las fluctuaciones del mercado algodonero, situación que depende de factores no manejables por las cooperativas
3. presentan planteles del personal técnico y operarios con edades elevadas dentro del rango laboral, no teniendo segmentos intermedios de personal entrenado

**e) Productores de subsistencia**

Se considera en esta clasificación, a productores que desarrollan su actividad en predios con superficie igual o menor a 25ha, sea en calidad de propietarios, arrendatarios u ocupantes. Se reconoce como uno de sus orígenes, la subdivisión de una unidad, en varios campos relativamente chicos, como resultado de herencia por fallecimiento del titular, resultando superficies unitarias de dichas magnitudes denominadas minifundistas. Reciben la asistencia de organismos estatales para el laboreo del suelo, así como de programas institucionales diversos para la provisión de semillas (MP.DATyA, 2012).

En este contexto, por medio de la ley provincial N° 6.547 del año 2.010, con el objeto de atender a los que posean superficies de hasta 10 hectáreas, los que numéricamente conforman un 50% del total, se crearon los Consorcios productivos de servicios rurales, que mediante el trabajo asociado, les facilita el acceso a herramientas e insumos de los trabajos agropecuarios. Estos consorcios se los caracteriza más adelante, entre los actores del proceso socio-ambiental.

Fortalezas de los productores de subsistencia:

1. representan en población un 17,55% de la total de la cuenca, lo que cuantitativamente les asigna una posición a tener en cuenta
2. el 50% de los mismos, se encuentran agrupados en los denominados Consorcios productivos de servicios rurales
3. muestran una perceptible tendencia a integrarse a procesos de capacitación, tanto personales, como de los procesos productivos que llevan adelante

*Debilidades de los productores de subsistencia*

1. la pequeña superficie disponible, impide lograr un margen de rentabilidad que permita vivir hasta el nuevo ciclo, o efectuar compras de insumos
2. un alto porcentaje de los jefes del hogar así como varios de los integrantes, no ha concluido los estudios primarios
3. las familias generalmente habitan en viviendas precarias y cuentan con un acceso limitado a los servicios sociales básicos, como electricidad, agua potable o agua para producción,
4. efectúan monocultivo algodonero, y no advierten la necesidad de la aplicación de prácticas conservacionistas y de rotación de cultivos

*5.2.2. Actores del Proceso Político - Institucional*

Intervienen como actores en el proceso político, instituciones gubernamentales, concejos municipales, intendentes, Gobernador y diversos funcionarios que componen su gabinete provincial. También legisladores provinciales así como el trabajo de los partidos políticos de la zona.

En el componente político partidario, hay diversos actores cuya presencia es parcial en el tiempo y además de tipo circunstancial, dependiendo dominantemente del calendario político, fechas de las elecciones internas de los partidos y de las elecciones generales razones por las cuales, este segmento del sector político partidario no fue considerado como actor con presencia permanente en la cuenca.

En este grupo encontramos a:

1. partidos políticos: se incluye en este grupo también, a alianzas electorales, partidos políticos vecinales, rurales o regionales. Su presencia invariablemente se produce ante la proximidad de un proceso electoral, los que se dan cada dos años y actúan durante un tiempo previo a dicho proceso, en promedio de dos meses.
2. legisladores: se incluyen a los nacionales y provinciales. Generalmente actúan ante la ocurrencia de alguna cuestión social, política o económica generalizada, que sea de gran repercusión periodística o en los medios masivos de comunicación.
3. funcionarios del gabinete provincial: Dado que su función incumbe a todo el territorio provincial, su presencia más asidua en la cuenca se verifica ante la ocurrencia de algún

conflicto o problema que por su gravedad los requiere; las cuestiones de funcionamiento normal de sus áreas, las manejan normalmente los estamentos orgánicos del estado.

En el componente Instituciones gubernamentales, existen actores cuya presencia es parcial en el tiempo, de tipo circunstancial, dominada por la implementación de planes y programas a término, tanto del orden nacional como provincial, o que presentan un perfil estrictamente consultivo, por lo que no fueron considerados en calidad de actores permanentes.

En este grupo encontramos a:

1. PROSAP, que intervino en la cuenca entre los años 2003 a 2006 a través del ministerio de la producción, con motivo de la construcción de las obras de Saneamiento hídrico y desarrollo productivo de la cuenca, y el Programa de desarrollo Indígena. Se trata de un programa crediticio para el desarrollo del sector agropecuario y por tanto, el programa tiene existencia durante el tiempo que efectúan los desembolsos financieros. Vuelve a intervenir entre los años 2009 a 2011, en un sector de la SA, mediante un programa de conexión rural de energía eléctrica, en el ámbito del Ministerio de infraestructura y servicios públicos.
2. El INTA, de Presidencia R. Saenz Peña es una Estación experimental agropecuaria de carácter regional, de mucho prestigio científico y técnico, que goza de reconocimiento a nivel nacional. No tiene una actividad socialmente movilizadora, precisamente porque su trabajo básico es la experimentación y la innovación tecnológica.

3. Programas productivos coyunturales de la Secretaría de Agricultura, Ganadería y Pesca de la Nación (SAGyP), como el caso del actual programa de agricultura familiar, implementado a fines del año 2012, con fines sociales, orientado a minifundistas.

*Actores permanentes identificados en el proceso político:*

a) Administración Provincial del Agua

b) Ministerio de la producción

c) Dirección de Vialidad Provincial

d) Delegaciones y agencias del gobierno provincial

e) Intendentes de las localidades en la región

f) Concejales de las localidades

a) Administración Provincial del Agua (APA)

Es la autoridad del Agua en la provincia, constituido como el organismo único de aplicación del Código de Aguas, para lo cual, al momento de su constitución, se ha integrado con todos los organismos estatales con objeto sobre los recursos hídricos. Es un organismo descentralizado administrativamente, y con autarquía económica y financiera.

*Fortalezas de la APA,*

✓ es la autoridad de aplicación del código de aguas, y por tanto, de todo el sistema normativo hídrico,

- ✓ como autoridad provincial del agua lleva a la fecha, 27 años como tal, lo que lo que además del conocimiento de la particularidad de los temas, le ha dado el reconocimiento comunitario en dicho rol,
- ✓ es un organismo con raigambre constitucional, descentralizado y autárquico,
- ✓ el personal y los profesionales del organismo, presentan una adecuada capacidad técnica e intenso conocimiento de los problemas hídricos en la cuenca, con mucho ejercicio de trabajo interinstitucional e interdisciplinario,

*Debilidades de la APA,*

- las organizaciones de cuenca, es una temática a la que el organismo no ha atendido hasta la fecha, paradójicamente, desde el dictado del decreto reglamentario de las COMAS en el año 1989
- los técnicos y profesionales con mayor entrenamiento y experiencia en los problemas sociales, económico-productivos e hídricos de las cuencas, tienen un promedio de edad superior a los 50 años, próximos a su retiro o jubilación, no existiendo en la estructura de la APA, un grupo de reemplazo gradual con dichas aptitudes
- tiene escaso parque de vehículos, por lo que su limitada disponibilidad genera problemas de logística
- la delegación en Presidencia R. Saenz Peña, atiende los problemas que le llegan desde un radio geográfico de 50 o 70 kilómetros, es decir que no ha desarrollado

una concepción integrada en cuenca hídrica para la atención y el tratamiento de los problemas,

b) Ministerio de la producción (MP)

Es el Ministerio específico de toda la actividad productiva agropecuaria en la Provincia, teniendo a la fecha, muchos años de actuación y presencia en la totalidad de la cuenca,

*Fortalezas del Ministerio de la producción*

- muchos años de trabajo y presencia en el sector agropecuario, lo que le ha dado un elevado nivel de reconocimiento social
- en todas las localidades de la cuenca tiene alguna agencia o delegación, desde hace varios años,
- tiene presencia de técnicos y profesionales con formación en la actividad agropecuaria y un adecuado entrenamiento en su atención

*Debilidades del Ministerio de la producción*

- si bien lo reconocen como elemento fundamental para el sector, el tema hídrico no ha constituido parte de las acciones y planificaciones y del ministerio,
- la organización territorial de su accionar se basa en divisiones por departamentos políticos y subdivisiones catastrales, sin consideración de los ambientes naturales o las cuencas hídricas,

- tiene escaso parque de vehículos, por lo que la disponibilidad de los mismos provoca problemas de logística

c) Dirección de Vialidad Provincial (DVP)

Cuenta con 5 delegaciones que cubren la totalidad del territorio provincial, de las cuales, la denominada Delegación II ubicada en Presidencia R. Saenz Peña, cubre la SA y la parte alta de la SM, y la denominada Delegación I ubicada en Makallé, cubre la parte baja de la SM y la SB (DVP, 2012).

Para trabajos de mantenimiento de la red vial terciaria, o rural, se maneja institucionalmente con organizaciones de productores y vecinos del área, mediante los denominados consorcios camineros.

*Fortalezas de la Dirección de Vialidad Provincial,*

- muchos años de trabajo y presencia en la cuenca, 59 años a la fecha, lo que le ha dado un elevado nivel de reconocimiento social,
- con las delegaciones II y I, se encuentra cubierta la totalidad de la cuenca, la que atiende desde su creación,
- en sus planteles tiene presencia de técnicos y profesionales con formación y entrenamiento en las cuestiones inherentes al funcionamiento hidrovial de la cuenca,

- maneja importantes partidas presupuestarias, definidas por su ley de creación derivadas de la coparticipación nacional de impuestos a combustibles y naftas, y del impuesto sobre ingresos brutos provinciales,
- es un organismo autárquico, lo que le brinda autonomía para la asignación y manejo de sus partidas presupuestarias,
- mantiene una adecuada atención a los caminos rurales, en tiempo y forma, mediante los consorcios camineros,

*Debilidades de la Dirección de Vialidad Provincial,*

- la organización territorial de su accionar se basa en divisiones por departamentos políticos, por lo que no tiene en consideración las divisorias de las cuencas hídricas,
- la amplitud territorial de las jurisdicciones a cargo de las delegaciones, y por tanto de longitud de caminos a atender, hace que resulte insuficiente la disponibilidad del parque de máquinas, lo que provoca problemas operativos,
- institucionalmente mantiene una visión vial marcadamente sectorial en sus planificaciones y presupuestos, y en su gestión,

d) Delegaciones y agencias de distintas instituciones del gobierno provincial

El Ministerio de la Producción, en cuanto a agricultura y ganadería, dentro de los límites de la cuenca tiene agencias en Saenz Peña, Machagai y Basail, y ubicadas fuera, o muy cercanos a estos límites de cuenca, tiene en Campo Largo, Quitilipi y La Tigra (MP.DATyA, 2012) .

Este ministerio tiene también, delegaciones de bosques en, Machagai, Quitilipi y Plaza, destacándose particularmente que la oficina central de dicha Dirección de bosques se encuentra ubicada en la ciudad de Presidencia R. Saenz Peña.

La APA y la DVP, tienen respectivamente, una delegación en la ciudad de presidencia R. Saenz Peña.

*Fortalezas de las delegaciones y agencias de distintas instituciones del gobierno provincial*

- ✓ Se encuentran ubicadas en las principales ciudades y poblaciones de la cuenca, en lugares transitados, muy conocidos por las poblaciones lugareñas, por lo cual son muy accesibles
- ✓ con el paso del tiempo, se han convertido en centros de referencia, consultas y reclamos de los pobladores y productores del área rural,
- ✓ poseen conocimiento de mucho detalle, tanto de sus respectivas áreas de trabajo, como de los pobladores y productores involucrados,
- ✓ mantienen un historial de las vivencias del área, inconvenientes y desarrollo, tanto desde el punto de vista productivo como económico.

*Debilidades de las delegaciones y agencias de distintas instituciones del gobierno provincial*

- ❖ cuentan con poco personal técnico, y normalmente con pocos recursos económicos para gastos operativos, en función a la amplitud del área que deben atender,
- ❖ no tienen delegadas facultades para tomar decisiones centrales, por tanto sus tareas son de tipo operativo, control, fiscalización, o de atención de coyunturas

- no participan en las planificaciones a mediano o largo plazo, ni siquiera anuales, las que normalmente se elaboran desde sus respectivos ministerios u organismos centrales,
- no existe una sistematización de la información y de registros de eventos, por tanto las mismas se transmiten vía oral o a partir de las experiencias personales de los agentes de las delegaciones de esos momentos
- las áreas que cubren las distintas delegaciones o agencias en la cuenca, no son coincidentes con las de los otros organismos o ministerios,
- el personal administrativo, técnico y profesional que integra las distintas delegaciones y agencias, ha desarrollado una mecánica operativa marcadamente sectorial, adoleciendo de instancias de consultas o coordinación con las otras delegaciones,

e) Municipios

Los municipios atienden también a las zonas rurales relativamente cercanas, más allá de las atribuciones que les confieren sus respectivos límites jurisdiccionales urbanos, acompañando a productores y pobladores rurales en gestiones normalmente asociadas a actividades productivas, de infraestructura, provisión de agua, saneamiento, e inundaciones. La constitución provincial en su artículo 183, establece 3 categorías de municipios en función a la cantidad de habitantes, de acuerdo al siguiente detalle: de Primera categoría, los que tengas más de 20.000 habitantes; de Segunda categoría, los que tengan más de 5.000 hasta 20.000 habitantes; y Tercera categoría, los que tengan hasta 5.000 habitantes.

En Santa Fe, la ley de Municipios, N° 2.756/1.985, en función a la cantidad de habitantes, establece las siguientes categorías: Municipios de Primera: los que tengan más de 200.000 habitantes; Municipios de Segunda: los que tengan más de 10.000 y hasta 200.000 habitantes; y, Comunas: las poblaciones que tengan menos de 10.000 habitantes (DdeSF, 2012).

En función a estas categorizaciones, resultan:

Tabla 5.4. Categoría municipal de los localidades de la Cuenca

| **Cuenca** | **Categoría municipal** | **Ciudades / localidades** |
|---|---|---|
| SA | Primera | P.R.Saenz Peña; Machagai; Quitilipi |
| | Segunda | AviaTerai; Campo Largo; Tres Isletas; P.de La Plaza |
| | Tercera | Napenay |
| SM | Primera | |
| | Segunda | |
| | Tercera | Horquilla; Charadai; Cote Lai |
| SB | Primera | |
| | Segunda | |
| | Tercera/Comuna | Basail; Florencia |

*Fortalezas de los Municipios*

1. disponen de infraestructura, recursos administrativos, técnicos, de personal y operarios, y recursos económicos

2. pueden realizar reuniones o asambleas de mucha convocatoria ya que poseen infraestructura al respecto, salones con capacidad, luces, sonidos, sillas y sanitarios,
3. poseen adecuados canales de comunicación y contacto, con la comunidad en general como con autoridades políticas y del gobierno provincial, en todos sus estamentos
4. tienen canales institucionales de acceso al gobierno de la provincia, es decir, a la toma de las decisiones

*Debilidades de los Municipios*

1. la atención de las áreas rurales es una cuestión que en realidad es contraria en cuanto a competencia establecida por la ley orgánica de municipios y por tanto condicionada a la voluntad de los intendentes
2. los municipios más grandes, potencialmente de mayores posibilidades, tienen mayores demandas comunitarias urbanas, y por tanto dedican en correspondencia menores esfuerzos y atenciones al sector rural,
3. la prioridad para la atención de los problemas siempre será urbana, antes que rural
4. a los lugares de la cuenca más alejados geográficamente de los municipios, que demandan un tiempo considerable de traslado, normalmente no suelen atenderlos,

f) Concejales de las localidades en la región

En las estructuras municipales existen cuerpos de concejales, que en general suelen acompañar el accionar operativo de los intendentes y en ocasiones, éstos les suelen delegar la atención de zonas rurales. Por su parte también, los del partido de oposición de turno suelen integrarse en este trabajo como una forma de no quedar afuera del eventual trabajo en vínculo con la comunidad rural.

En ambas provincias, dichos concejos se integran en forma directa por elecciones, y los cargos se distribuyen en forma proporcional a los votos obtenidos, de conformidad a sus respectivas legislaciones mencionadas.

En la cuenca, parte del Chaco, los municipios de primera categoría tienen 9 concejales, los de segunda categoría tienen 7 concejales, y los de tercera categoría tienen 3 concejales; en la parte Santafesina, la comuna tiene 5 concejales.

*Fortalezas de los concejales de las localidades en la región*

1. no tienen funciones ejecutivas en los municipios, en consecuencia disponen de mayor flexibilidad de tiempo para trabajar en el tema
2. disponen de recursos a partir de sus funciones, lo que les otorga cierta movilidad y operatividad
3. pueden alternarse entre ellos, cubriendo distintos aspectos, o zonas de trabajo

*Debilidades de los concejales de las localidades en la región*

1. no toman ningún tipo de decisiones por su cuenta, quedan pendientes de las decisiones que adopte el intendente

2. la prioridad para la atención de los problemas siempre es urbana antes que rural
3. sus recursos y facilidades operativas son limitadas
4. como el tipo de trabajo está fuera del éjido urbano, sus decisiones no son tomadas en la calidad del bloque político que componen, por tanto le quitan respaldo institucional

*5.2.3. Actores del proceso socio-cultural*

Dentro del proceso social-cultural se consideran distintas organizaciones, emprendimientos, iniciativas o asociaciones cuyo objeto son actividades sociales y culturales en la cuenca.

No se detectaron en la cuenca, la presencia activa de organizaciones del tipo ONG´s, en cuestiones que hagan a cuestiones comunitarias de interés general, probablemente debido a que normalmente su presencia se verifica en función al logro de los objetivos finales que persiguen, dentro de los límites del territorio donde accionan. Esta situación hace que su presencia registre intermitencia en la cuenca.

Al respecto, Segura Ramos (2011) sostiene que las ONG´s sólo trabajan en el territorio en función de los proyectos que llevan adelante, con una dinámica simple de entrar, ejecutar y salir, constituyendo esto, una de las causas por las cuales no logran consolidar los eventuales logros que se obtengan con dichos proyectos.

Una particular excepción a esta generalidad observada, lo constituye el ámbito de la Asociación comunitaria de la Colonia aborigen, en cuyo territorio se verifica la presencia de dos ONG´s con muchos años continuos de trabajo, los que más adelante se describen con detalle en el punto correspondiente a la colonia aborigen.

En cuanto al sector académico-científico, éste no constituye parte integrante de los procesos formales asumidos, siendo precisamente la falta de continuidad en el tiempo, de líneas de investigación vinculadas a cuestiones que hacen el desarrollo socioeconómico del sector, una debilidad recurrente en la región, y en la cuenca en particular.

Cooperadoras de las escuelas rurales, compuestas por familiares de alumnos que concurren a las mismas, la cual dejan de integrar cuando sus chicos pasan de nivel educativo o abandonan los estudios. Son de pocos integrantes, y funcionan estrictamente en los períodos ordinarios de clases y normalmente atienden las cuestiones coyunturales o de urgencia vinculadas al desarrollo de las clases.

Estas cuestiones hacen que sus integrantes cambien en forma muy seguida, por lo que estas cooperadoras no pueden capitalizar, por su falta de continuidad en el tiempo, las experiencias, conocimientos, y las capacidades de quienes potencialmente muestran mayores aptitudes o vocación para la misma. Por estas razones, a los efectos de la gestión en la cuenca, no se las considera como actores permanentes.

*Actores permanentes identificados en el proceso socio-cultural:*

1. Asociación comunitaria colonia aborigen Chaco
2. Las iglesias (grupos religiosos)
3. Escuelas rurales

1. Asociación comunitaria colonia aborigen Chaco

A excepción de lo que ocurre en general en la cuenca, desde hace varios años trabajan con la asociación comunitaria dos ONGs; una de ellas es el Equipo Nacional de la Pastoral Aborigen (ENDEPA), un equipo eclesial que depende de la conferencia episcopal de pastoral aborigen de la iglesia católica argentina.

Se vincula con ellos en el año 1987, y su objeto es trabajar junto a los pueblos indígenas para la defensa de su derecho a la identidad, a la tierra, los recursos naturales, a la capacitación de sus miembros, y promover relaciones ecuménicas y acciones con otras iglesias de la comunidad (Rodríguez et al. 2004).

La otra ONG es el Instituto de Desarrollo Social y Promoción Humana (INDES) con personería jurídica N° 0524/1975, cuyo objeto es poner en práctica proyectos de desarrollo sustentable con organizaciones familiares de productores rurales de las regiones NEA, NOA y Cuyo, de la Argentina.

El INDES pertenece al consejo asesor de minifundios del INTA, y a la unidad técnica del programa social agropecuario de la SAGPyA. Trabaja con la asociación comunitaria desde el año 1994, y recibe financiamiento de la fundación canadiense "Obras del cardenal Leger", para la implementación de sus actividades y proyectos (Rodríguez, et al, 2004)

Otra excepción con respecto a lo que ocurre en el resto de la cuenca, es la vigente presencia del Programa Social Agropecuario (PSA), que depende de la SAGPyA, de la

Nación, que se inserta dentro del programa de políticas sociales que implementó el estado nacional a partir del año 1993; en la colonia tuvo presencia a partir del año 1998. El objeto del PSA es incrementar los ingresos de los productores minifundistas, y promover su participación en la ejecución de los programas y proyectos que llevan adelante (Bareiro, 2004).

Fortalezas de la Asociación comunitaria colonia aborigen Chaco

1. es una asociación legalmente constituida y reconocida por los organismos oficiales y de personas jurídicas de la provincia, con varios años de funcionamiento
2. conformada y conducidas por los propios integrantes comunitarios
3. independientemente de la cantidad de pobladores que posean, integra en su conducción a las etnias que habitan la colonia, por lo cual todas se encuentran representadas y presentes
4. a la fecha se han producido varios recambios en la estructura de conducción de la asociación, por lo cual tienen adecuado conocimiento de la mecánica y normativas estatutarios de su funcionamiento institucional
5. en la cultura aborigen, el patrimonio de todos los recursos de la colonia es comunitario, por tanto la comunidad acepta la decisión que baja desde sus representantes de etnia y que a la vez integran la conducción de la asociación comunitaria

6. desde hace muchos años vienen trabajando comunitariamente con ONG´s y programas nacionales, lo que les ha permitido importantes avances hacia el empoderamiento tanto de la asociación, como de sus líderes comunitarios,

Debilidades de la asociación comunitaria colonia aborigen Chaco

1. por su identidad cultural, si bien las entiende y reconoce, el aborigen es poco afecto a las normativas y reglamentaciones legales y burocráticas, lo que demanda procesos previos de coordinación,
2. la política partidaria dentro de sus respectivas etnias, provoca grandes divisiones y enfrentamientos, que se traslada al ámbito de la asociación,
3. por sus características culturales, los tiempos que manejan no coinciden con las urgencias que normalmente plantean el hombre blanco, así como otros integrantes de la cuenca, por cuestiones coyunturales

2. Las Iglesias (grupos religiosos)

Los grupos religiosos en la cuenca, se conforman alrededor de la presencia de las iglesias que se constituyen en la zona rural. Normalmente se trata de grupos reducidos, precisamente por la dispersión que presentan las viviendas y las grandes distancias que caracterizan al ámbito rural.

Persiguen estrictamente un fin religioso no teniendo otro tipo de participación de tipo comunitario, probablemente por las particularidades del ámbito rural, en el que profesar su creencia religiosa constituye una cuestión estrictamente individual, en todos sus aspectos. Esta es una característica particular de los habitantes, quienes normalmente no hablan en reuniones sociales e informales, sobre temas de cuestiones religiosas o de sus creencias.

Presenta la cuenca, diversidad de iglesias, cada una de las cuales representa a la vez a un culto en particular distinto a los otros, aún perteneciendo a la misma rama troncal religiosa, cuestión que ellos mismos se encargan de diferenciar ante terceros.

En general, las iglesias son poco propensas a tratar temas de interés comunitario más allá de la propia feligresía. Un caso particular, lo constituye la iglesia católica que tiene mucho trabajo comunitario de interés general, pero lo hace a través de una ONG, denominada ENDEPA, integrada por el equipo de la pastoral aborigen de dicha iglesia.

Fortalezas de las Iglesias

✓ muchos años de presencia en la cuenca lo que les otorga un espacio de reconocimiento social comunitario,

✓ tienen una considerable convocatoria de personas, que se mantiene a lo largo del tiempo,

✓ normalmente se ubican fisicamente, en la zona rural buscando cercanías de viviendas y asentamientos rurales de la colonia,

Debilidades de las Iglesias

➢ poca injerencia en temas generales de interés comunitario,

- gran división de ramas dentro de las iglesias por cuestiones dogmáticas, que las lleva a un estado de indiferencia entre ellas, por lo que no se detectan acciones ecuménicas entre los cultos,
- en general, el financiamiento es una cuestión limitante para proyecciones mayores al desenvolvimiento puntual e histórico que han venido desarrollando

## 3. Escuelas rurales

Las escuelas rurales tienen una larga presencia en la cuenca, y desde la década de los años 80 a la fecha registran un importante trabajo de mantenimiento y mejoramiento de la infraestructura escolar en general, así como la construcción de nuevas escuelas cubriendo sectores que las demandaban por los naturales incrementos poblacionales, y también la necesidad que plantean los sectores educativos en el sentido que los chicos no deban recorrer grandes distancias para concurrir a las mismas (MIySP, 2012).

Son de nivel educativo inicial/primario, y por lo general, de doble jornada. Sirven el desayuno, al que denominan "copa de leche", y en algunos, particularmente los más alejados dentro del área rural, también sirven el almuerzo, luego del cual los chicos vuelven a sus casas, o en los casos que corresponde, se quedan para la doble jornada (MECyT, 2012).

En términos generales, integran las escuelas, el director de la escuela, uno, dos, o tres maestros, dependiendo de la cantidad de grados y alumnos, y uno, dos, tres, o cuatro porteros, que es el personal encargado de abrir las aulas, realizar la limpieza, y preparar el desayuno y la comida. Es decir que, el personal total de cada escuela, puede variar entre un mínimo de 3 y un máximo de 8, entre el director, los docentes y el personal de portería.

Fortalezas de las Escuelas rurales

1. son lugares de referencia de importancia dentro de la cuenca, ya que la familia rural tiene mucho vínculo por las actividades de los chicos, tanto en su actividad escolar, en algunos casos de doble jornada, como por la copa de leche y el almuerzo que les sirven
2. en el ámbito rural de la cuenca, los directores de las escuelas son receptores de todas las inquietudes o situaciones que se viven, en todos los aspectos, y son permanentemente informados y consultados
3. es costumbre en la cuenca, que la escuela es el lugar natural de reunión sobre cualquier tema de interés general comunitario

Debilidades de las Escuelas rurales

1. la variabilidad de la matrícula de los alumnos, por lo general baja, ante una reducción en cantidad, hace reducir las partidas presupuestarias en general, que les asigna el ministerio de educación, provocando incluso un eventual traslado de docentes y personal de cocina y portería,
2. el personal de las escuelas, incluidos los directores, normalmente no viven en las mismas, por lo que al finalizar las actividades curriculares en las primeras horas de la tarde, se trasladan hacia las ciudades o poblaciones urbanizadas donde residen

### *5.2.4. Actores del proceso socio-ambiental*

Como se ha visto en la composición de la estructura parcelaria de la cuenca, los suelos para uso agrícola, históricamente se subdividieron en unidades entre 100 a 300 hectáreas en los momentos de la colonización. Con el paso de los años, con motivo de las herencias familiares, estas unidades se subdividían nuevamente entre los correspondientes herederos, lo que sumado al fraccionamiento por ventas y/o transacciones comerciales, resultaron que hoy, la cantidad de unidades menores de 25 hectáreas constituyen un 17,55% y las unidades entre 25 y 100 hectáreas, un 40,38%, (Tabla 4.8. Características de la estratificación de las unidades productivas).

Bareiro, et al (2004) señalan que en términos promedio, en la cuenca, la superficie mínima que deben tener las parcelas para lograr el adecuado margen productivo y económico, se ubica entre 150 a 200 hectáreas, lo que pone en evidencia la complicada situación productiva y económica de esta franja de productores.

Por lo cual, éstos, pasan a constituir un problema social (de supervivencia) en un marco productivo general. Ante la situación, estos mismos productores tienden a extremar la posibilidad de obtención de beneficios de los pocos recursos disponibles, cortando toda la madera de sectores arbolados remanentes, camino a su eliminación total; realizando cultivo intensivo de los suelos básicamente en monocultivo y con prácticas eminentemente extractivas, sin posibilidades de rotación, de clausura, y de prácticas conservacionistas, razón por las cuales, pasan a constituirse también, en un serio problema ambiental.

Si bien en la cuenca, como en la región en general, no se denota una intensa actividad organizativa a nivel institucional, existen algunos actores en este proceso que son referentes regionales consolidados, como es el caso de los consorcios camineros, el Instituto del aborigen y los consorcios de servicios productivos de servicios rurales.

*Actores permanentes identificados en el proceso socio-ambiental:*

1. Instituto del aborigen – IDACh
2. consorcios camineros
3. consorcios productivos de servicios rurales

1. Instituto del aborigen(IDACh)

Si bien es un organismo público de la estructura de gobierno del estado provincial, tiene la particularidad, a diferencia de los organismos estatales, que el mismo se integra por un directorio en el que se encuentran representadas todas las etnias que habitan la provincia, y la otra sustancial diferencia reside en que éstos, son elegidos exclusivamente por el voto de sus respectivas comunidades, por lo cual los funcionarios del instituto son representantes comunitarios.

Tiene una oficina en la Colonia aborigen Chaco, y persigue el desarrollo y bienestar de toda la comunidad aborigen, del derecho a la identidad, a la tierra y los recursos naturales, para lo cual tiene facultades de organizar e implementar programas, acciones, gestionar y administrar fondos y recursos económicos de diversas fuentes.

Fortalezas del IDACh

- creado a partir de una ley provincial, promulgada y en vigencia,
- estructura en funcionamiento desde el año 1987, por lo que a la fecha, tiene un adecuado ejercicio del recambio de autoridades y de la mecánica que el proceso electoral requiere
- la designación de sus funcionarios, surgida de la voluntad popular de las etnias de la comunidad aborigen,
- mantiene un largo ejercicio en el tiempo, del funcionamiento en cuanto a infraestructura, comunicaciones, oficinas, personal empleado y presupuestario,
- dado que es un organismo del estado, mantiene adecuada fluidez de vinculación con otras áreas gubernamentales, ministerios, organismos, y, de acceso y comunicación con el gobernador la provincia

Debilidades del IDACh

- el presupuesto asignado es bajo y normalmente sólo alcanza para cuestiones operativas de urgencia, por lo que cualquier tipo de acciones a ejecutar deben lograr financiamiento extra
- en las esferas políticas de los gobiernos de turno, no se los considera parte del gabinete, que se refleja en el tratamiento diario del accionar,
- no participa en ningún tipo de reuniones de gabinete, salvo que el tema sea exclusivamente de temas aborígenes,

2. Consorcios camineros (CC)

Son organizaciones integradas y dirigidas por los propios productores o pobladores de la cuenca, para la atención del mantenimiento de los caminos vecinales; cuentan con financiamiento asegurado por su ley de creación[6]. Estas particulares características, los ha constituido, simultáneamente a su función específica de los caminos, en un actor socio-ambiental de consideración por cuanto, realizan aperturas de caminos con fines solidarios y colaborativos con pobladores rurales a efectos que "acorten distancias" ya que los mismos se trasladan a pie o a caballos, para lo cual invariablemente deben realizar desmontes por todo el ancho de apertura, y también colaboran con los caminos internos de acceso a las viviendas, en trabajos varios que catalogan como "destronques", lo que da cabal idea del tipo de trabajo realizado. Con la creación de los CC, en la SA particularmente, se tiene una red vial, con caminos abiertos en cuadrículas de 2 kilómetros.

Existen once consorcios camineros en funcionamiento que cubren la totalidad de la red de caminos de la cuenca, dependientes de las delegaciones I y II (DVP, 2012).

En el Anexo III: Consorcios Camineros, se detallan los consorcios de la cuenca, indicando nombre, longitud de caminos que atienden, y el nombre de su presidente.

Fortalezas de los consorcios camineros

- ✓ organizaciones afianzadas en el tiempo, con buenos resultados
- ✓ constituidas, administradas y gestionadas por los propios interesados de la cuenca

---

[6] Ley Provincial N° 3.565, de fecha 23/05/1990, les otorga financiamiento provenientes de la coparticipación de recursos viales nacionales y de un gravamen específico del 10% sobre los Ingresos brutos.

- ✓ cuentan con infraestructura y recursos necesarios para su trabajo
- ✓ cubren toda la cuenca
- ✓ reconocidas y respetadas por el conjunto de la sociedad, incluyendo a los partidos políticos
- ✓ se manejan a coordinada y complementariamente con las delegaciones de la DVP en la cuenca, lo que les proporciona rapidez operativa

Debilidades de los consorcios camineros

- ➢ financieramente se encuentran ligados a la coparticipación de los fondos viales, por tanto ante eventuales cambios en la ley quedan expuestos a eventuales modificaciones en sus recursos, tal como ha ocurrido con las modificaciones a los porcentajes de coparticipación, incorporadas mediante la Ley N° 7.152 de fecha 5 de diciembre de 2012, por la cual se le recortan 30% la disponibilidad de los fondos específicos que le otorgaba su ley de creación N° 3.565 (CD, 2012)
- ➢ los recursos económicos se utilizan para realizar trabajos de movimientos de suelos dejando excluidos los de alcantarillados y obras de arte, trabajos para los cuales solicitan la asistencia económica específica a la DVP central
- ➢ se permite la reelección indefinida de sus miembros en la conducción, lo que lleva a que se caiga en la reiteración de ciertas costumbres operativas que pueden afectar la relación con los demás integrantes de la cuenca

3. Consorcios productivos de servicios rurales

Se conforman con productores de subsistencia pero que posean o trabajen, unidades productivas cuya superficie sea menor o igual a 10ha., organización implementada a partir del año 2010. Con fondos de financiamiento asegurados por su ley de creación N° 6.547, con fines productivos, y requiere un mínimo de 30 productores para su constitución (CD, 2012).

Si bien los consorcios se centran en la producción agropecuaria, en realidad, su objeto es socio-ambiental ya que por la pequeña superficie que disponen es imposible lograr un proceso productivo rentable en términos económicos, por lo que mediante el financiamiento de los gastos operativos y de los insumos, se busca fomentar el trabajo en el sector rural, así como incentivar el trabajo cooperativo entre los minifundistas.

También persigue un objetivo ambiental, ya que por esa situación de pequeña superficie le quedan pocos recursos naturales y por tanto no permite la recuperación de los mismos. El sentido del trabajo cooperativo también apunta a la integración de las unidades en el trabajo productivo, incorporando conceptos de conservación y sustentación ambiental.

Fortaleza de los consorcios productivos de servicios rurales

- constituidos y administrado por los propios productores, quienes deben proponer y decidir las actividades que desean desarrollar
- los productores del sector, están convencidos de la necesidad de integrar estas organizaciones en consorcios, que les permite el trabajo asociado y acceder al uso de herramientas y maquinarias para sus actividades,

- los productores tienen incorporada le necesidad del trabajo asociado, por lo que, dada la mecánica establecida para la constitución de los consorcios, permanentemente evalúan posibilidades productivas con colegas cercanos, para un eventual trabajo asociado y el intercambio de conocimientos o experiencias.

Debilidades de los consorcios productivos de servicios rurales

- la reducida superficie de sus unidades productivas es la mayor limitante para desarrollar trabajos productivos sustentables con una adecuada rentabilidad
- los integrantes normalmente no son vecinos linderos por lo que resulta no resulta posible anexar las superficies a efectos de mejorar el proceso productivo,
- lo pequeño de la superficie dificulta la realización de trabajos de recuperación de los suelos y de montes
- el agrupamiento de los consorcistas se efectúa por afinidad o cercanías geográficas, sin considerarse los límites naturales de las cuencas hídricas
- un elevado porcentaje de estos productores, estimado en 80%, poseen bajo, a muy bajo, nivel de instrucción
- las viviendas son precarias y no cuentan con servicios básicos elementales

### 5.3. Actores en función de su enfoque de influencia. Análisis social

La otra dimensión de análisis de actores, es la caracterización de los perfiles de los mismos en función de su enfoque de influencia, tal que permita conocer la red de relaciones de cooperación y conflictos entre los actores identificados, y el “poder” que posee cada uno en el entramado social, para lo cual se recurrió a la aplicación de la herramienta del Análisis Social, denominada CLIP (Chevalier y Buckles, 2006) , la que se basa en considerar los siguientes cuatro factores: 1) Poder, 2) Intereses, 3) Legitimidad y 4) relaciones existentes de Colaboración y Conflicto.

Este método describe estas características y relaciones entre los actores, y permite explorar sobre las formas y caminos para resolver conflictos sociales, el establecimiento de confianza entre los grupos o sectores, o el empoderamiento de los grupos marginados y vulnerables.

Los principios que rigen este análisis son los siguientes:

1. Los actores son las partes cuyos intereses pueden resultar afectados por un problema o una acción, e incluye a aquéllos que inciden en el problema o acción, utilizando los medios que estén a su disposición, tales como poder, legitimidad y, vínculos existentes de colaboración y conflicto.
2. El poder (P) es la habilidad para utilizar los recursos que controla para lograr sus objetivos. Estos recursos incluyen la riqueza económica, la autoridad política, la habilidad para utilizar la fuerza o amenazar con utilizarla, el acceso a la información y conocimiento, sus habilidades y los medios para comunicarse.
3. Los intereses (I), son las pérdidas y ganancias que el individuo experimenta en base a los resultados de las acciones existentes o propuestas. Estas pérdidas y ganancias influyen en su acceso al poder, la legitimidad y las relaciones sociales.

4. La legitimidad (L), es cuando otros actores reconocen, por ley o mediante las costumbres locales, sus derechos y responsabilidades y la determinación que se muestra cuando los ejerce.
5. Las relaciones sociales abarcan los vínculos existentes de colaboración y conflicto que le afectan en una situación determinada, y que puede utilizar para incidir en un problema o acción.
6. La forma en que el poder, los intereses, la legitimidad y las relaciones sociales se distribuyen en cada situación, determina la estructura de los actores y las posibles estrategias a utilizar para manejar los problemas sociales.

El método evalúa para cada actor, el poder, el interés y la legitimidad, en su actuación en la cuenca, para lo cual requiere se califique a cada una de éstas cualidades de la siguiente manera: alta, media y, baja o sin calificación, y esta calificación a su vez, es la que determina entonces, cuál es la categoría para dicho actor, entre: dominante, fuerte, influyente, inactivo, respetado, vulnerable y marginado.

En la tabla 5.5, se presente un esquema que ilustra las distintas categorías que asigna el método, en función a las calificaciones obtenidas para cada uno de los actores, y el símbolo identificatorio de cada categoría, que responde a las iniciales de las características que obtuvieron calificación de Altas y medias.

Tabla 5.5. Categorización de los actores según la calificación asignada (Método CLIP)

| Categoría resultante | Símbolo | Calificación asignada | |
|---|---|---|---|
| | | **Altas/medias** | **Bajas/sin calificación** |
| Dominante | PIL | Poder, Interés (+ o -), Legitimidad | |
| Fuerte | PI | Poder, Interés (+ o -) | Legitimidad |
| Influyente | PL | Poder, Legitimidad | Interés (+ o -) |
| Inactivo | P | Poder | Legitimidad, Interés (+ o -) |
| Respetado | L | Legitimidad | Poder, Interés (+ o -) |
| Vulnerable | IL | Interés (+ o -), Legitimidad | Poder |
| Marginado | I | Interés (+ o -) | Poder, Legitimidad |

Fuente: Chevalier y Buckles (2006)

Se presenta la Figura 5.1, en la que se ha realizado el Diagrama de Venn, integrando los Actores que pueden afectar la acción o situación (Poder), los Actores que tienen deberes y derechos reconocidos (Legitimidad) y los Actores que pueden resultar afectados o beneficiados por la acción o situación (Interés), en el que se puede apreciar las relaciones de influencia y las categorizaciones definidas por el método.

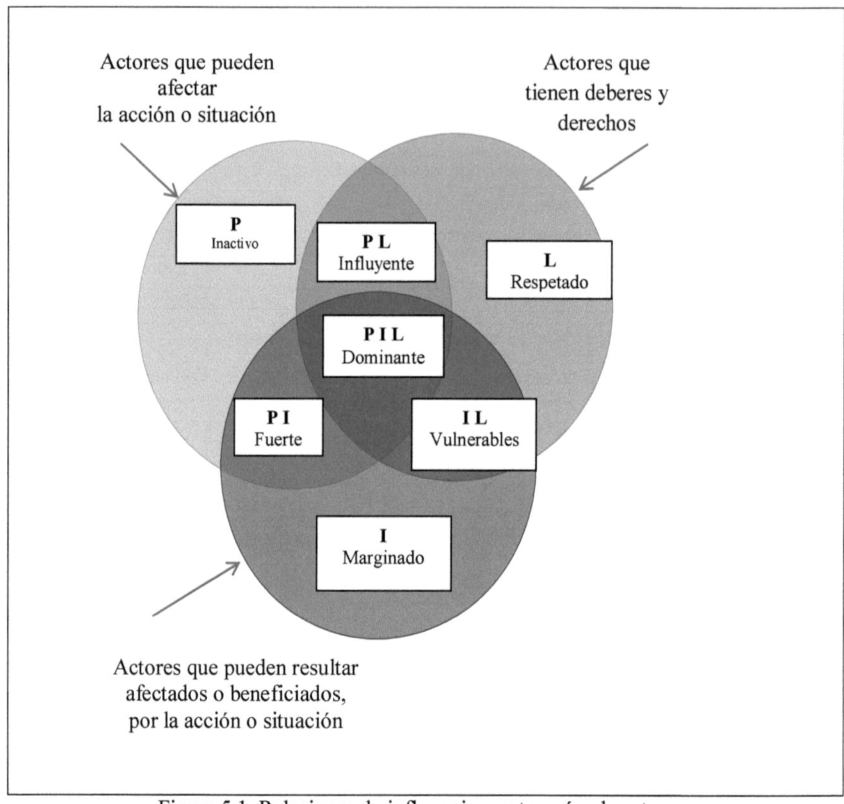


Figura 5.1. Relaciones de influencia y categorías de actores.
Tomado de Chevalier y Buckles (2006)

A efectos de otorgar un grado de importancia del nivel de categoría de los actores, una vez producida la categorización, el método define como: Categorías altas, las: dominante y fuerte; Categorías medias: influyente, inactivo y respetado; y, como Categorías bajas: vulnerable y marginado.

En la Tabla 5.6. se muestran las calificaciones obtenidas de las características sociales en análisis (poder, interés y legitimidad), y la categorización resultante de los actores de la cuenca identificados para esta tesis.

Tabla 5.6. Categorías de los actores según el método CLIP

| ACTORES CLAVES | PODER | INTERÉS | LEGITIMIDAD | CATEGORÍA |
|---|---|---|---|---|
| **A.P.A.** | Alto | Alto | Alto | **DOMINANTE ( PIL)** |
| **Mtrio. de la Producción** | Alto | Medio | Alto | |
| **Delegaciones /agencias del gobierno** | Alto | Medio | Alto | |
| **D. V. P.** | Alto | Bajo | Alto | **INFLUYENTE (PL)** |
| **Productores agrícolas** | Medio | Bajo | Alto | |
| **Productores ganaderos** | Medio | Bajo | Alto | |
| **Cooperativas algodoneras** | Medio | Bajo | Medio | |
| **Consorcios camineros** | Medio | Bajo | Medio | |
| **Las Iglesias** | Alto | Bajo | Bajo | **INACTIVO (P)** |
| **Intendentes** | Alto | Bajo | Bajo | |
| **Escuelas rurales** | Bajo | Bajo | Alto | **RESPETADO (L)** |
| **Productores forestales** | Bajo | Bajo | Alto | |
| **Concejales** | Bajo | Bajo | Medio | |
| **Asociación Aborígen Chaco** | Bajo | Medio | Alto | **VULNERABLE (IL)** |
| **IDACh** | Bajo | Medio | Alto | |
| **Consorcio Productivo Servicios Rurales** | Bajo | Medio | Medio | |
| **Producción de subsistencia** | Bajo | Medio | Sin legitimidad | **MARGINADO (I)** |

Resulta entonces, en la *clasificación alta:* la APA, el Ministerio de la producción, y, las delegaciones y agencias del gobierno, como dominante; en la *clasificación media:* la DVP, los productores agrícolas, ganaderos, las cooperativas algodoneras, y los consorcios camineros, como influyentes; los intendentes y las iglesias, como inactivos, y, las escuelas, los productores forestales y concejales como respetados; en la *clasificación baja:* la asociación comunitaria de la colonia aborigen Chaco, el IDACh, y los consorcios de servicios productivos rurales, como vulnerables; y, los productores de subsistencia, como marginados.

Puede observarse que en la cuenca, se verifica la presencia de una diversidad de actores, que si bien algunos de ellos no están directamente ligados a procesos de gestión de los recursos hídricos, son usuarios directos del recurso, y producto de sus actividades pueden afectar su cantidad, calidad, o la dinámica hídrica en la cuenca, o por otro lado, actores que son entidades u organizaciones del estado provincial o de los gobiernos locales, cuyo mandato es administrar el territorio y cumplir los procedimientos que la ley establece, de acuerdo a su misión institucional.

Por lo que este conjunto de actores constituye la red social que acciona en el manejo y gestión de los recursos hídricos de la cuenca, cuyo relacionamiento se puede apreciar en la Figura 5.2, en la que se presenta la interacción entre los actores en cuanto a la gestión del recurso, lo que permite apreciar en forma visual, su grado de relacionamiento social (Segura Ramos, 2011).

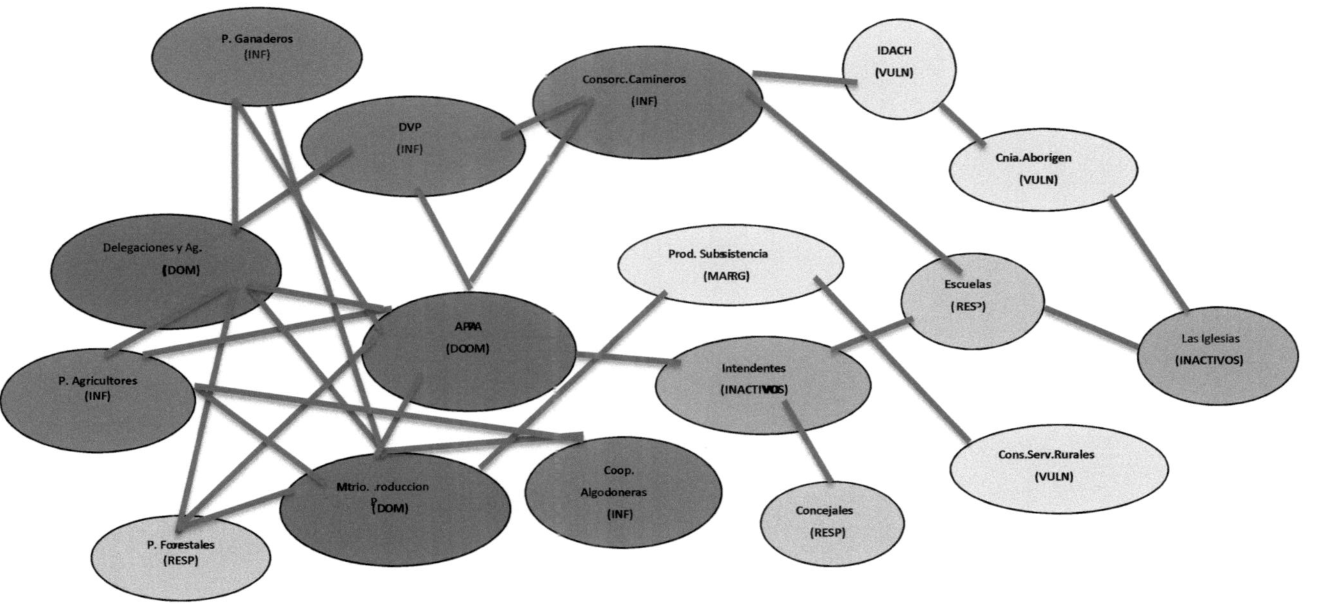


Figura 5.2. Grado de relacionamiento social entre los actores de la cuenca

En el gráfico, abajo del nombre de los actores, aparece en paréntesis las categorías presentadas en la Tabla 5.6. y se puede apreciar la correlación que guardan estas categorías con el grado de relacionamiento, destacándose a los actores APA, Ministerio de la Producción, y, Delegaciones y agencias, caracterizados como dominantes, donde es visible la intensidad del relacionamiento a partir del repetido cruce de las líneas que establecen los vínculos.

También se observa este relacionamiento en los actores DVP, consorcios camineros, agricultores, ganaderos, y cooperativas algodoneras, categorizados como influyentes, y los forestales, como respetado.

Siguiendo el análisis del gráfico, hacia la derecha del mismo, se aprecia cómo se reduce visiblemente el grado de relacionamiento, con los actores, IDACH, Colonia Aborigen y consorcio de servicios rurales, categorizados como vulnerables; en los actores Escuelas y concejales, categorizados como respetados; las iglesias e Intendentes, como inactivos; y, los productores de subsistencia, como marginados.

Se puede apreciar, que las Delegaciones y agencias, si bien dependen jerárquicamente de los organismos centrales, esto es, APA, DVP y Ministerio de la producción, juegan un papel alto en el grado de relacionamiento de los actores en la cuenca, siendo categorizados como dominantes, lo que los posiciona como uno de los actores institucionales fundamentales a tener en cuenta para un futuro proceso de organización de cuenca.

Los Intendentes y consorcios camineros, sirven de enlace con los actores de menor relacionamiento social, ubicados en el sector derecho del gráfico, por lo que un trabajo de fortalecimiento y empoderamiento de estos actores, se puede constituir en un sustancial elemento de aporte al proceso de gestión integrada que se pretenda iniciar.

### 5.4. Síntesis de los principales hallazgos del capítulo

La identificación de actores clave resulta el paso fundamental para evaluar posibles modelos organizativos a implementar en una cuenca, y su análisis, tiene el objeto de identificar el interés, importancia e influencia que estos tienen sobre el territorio, y sobre los programas y proyectos que en él se realizan. Esta identificación de actores y grupos de interés, permite saber "a quién" involucrar, y "de qué modo".

La identificación de actores clave se hizo desde dos dimensiones, una de ellas corresponde a la "esfera de acción" o proceso relevante (económico, sociocultural, socioambiental, o político) del que participan los actores en el marco de la estructura de organización de la sociedad. La otra dimensión, denominada: Análisis Social, corresponde al "enfoque de influencia", esto es, al relacionamiento social que los distintos actores presentan en la cuenca donde se plantea una posible intervención. Realiza una caracterización de los perfiles de los mismos tal que permite conocer la red de relaciones de cooperación y conflictos entre los actores identificados, determinando el grado de "poder" que posee cada uno en el entramado social.

Por la esfera de acción, actores permanentes identificados en,

*a) proceso económico:*

1) Productores agrícolas; 2) Productores ganaderos; 3) Productores forestales; 4) Cooperativas algodoneras; 5) Productores de subsistencia.

*b) proceso político:*

1) Administración Provincial del Agua; 2) Ministerio de la producción; 3) Dirección de Vialidad Provincial; 4) Delegaciones y agencias del gobierno provincial; 5) Intendentes de las localidades en la región; 6) Concejales de las localidades

*c) proceso socio-cultural:*

1) Asociación comunitaria colonia aborigen Chaco; 2) Las iglesias (grupos religiosos); 3) Escuelas rurales

*d) proceso socio-ambiental:*

1) Instituto del aborigen – IDACh; 2) consorcios camineros; 3) consorcios productivos de servicios rurales.

Por medio del Análisis Social se obtuvieron los siguientes resultados,

*Clasificación Alta*, como Dominante: la APA, el Ministerio de la producción, y, las delegaciones y agencias del gobierno;

*Clasificación Media:* 1) como Influyentes: la DVP, los productores agrícolas, ganaderos, las cooperativas algodoneras, y los consorcios camineros; 2) como inactivos: los intendentes y las iglesias, y 3) como respetados: las escuelas, los productores forestales y concejales;

*Clasificación Baja,* como vulnerables: la asociación comunitaria de la colonia aborigen Chaco, el IDACh, y los consorcios de servicios productivos rurales; y como marginados, los productores de subsistencia.

De la aplicación de las metodologías aplicadas, se observa el grado de correlación que guardan las categorías con el relacionamiento y los vínculos entre sí, destacándose precisamente a los actores de Clasificación alta: APA, Ministerio de la Producción, y, Delegaciones y agencias, caracterizados como dominantes, donde es visible la intensidad del relacionamiento a partir del repetido cruce de las líneas que establecen los vínculos, que los posiciona como parte de los actores institucionales fundamentales a tener en cuenta en un futuro proceso de organización de cuenca.

Se destaca que, los Intendentes y los consorcios camineros (ambos de Clasificación Media) actúan de enlace con los actores de menor relacionamiento social, de Clasificación Baja, por lo que para un trabajo de fortalecimiento y empoderamiento de estos actores, se constituyen en un sustancial elemento de aporte al proceso de gestión integrada que se pretenda iniciar en la cuenca.

# 6. MARCO LEGAL

Previo a plantear algún modelo de organización para la cuenca, es necesario también, tener conocimiento del marco legal, general y particular, en el cual se deben insertar las propuestas, de cuyo análisis se determinará la real viabilidad de implementación.

A este efecto, analizaremos la Constitución de la Provincia del Chaco 1957-1994, que establece el cuadro normativo general, el Código de Aguas (ley 3230), que establece el cuadro normativo específico sobre los Recursos Hídricos en la provincia, y, el Decreto Reglamentario de las COMAS, que reglamenta la constitución y el funcionamiento de la organización de los actores en la cuenca. Este análisis resulta importante además, para la preparación de los instrumentos de gestión que se necesitará para implementar el proceso GIRH en la cuenca.

## 6.1. Constitución de la Provincia del Chaco 1957-1994

La Constitución brinda un amplio respaldo normativo para el desarrollo de un modelo de organización de cuenca basado en los principios de la GIRH, fundamentalmente en la Sección Primera, Capítulos: I-Principios generales; II-Derechos, deberes y garantías. Seguridad individual; III-Derechos sociales; IV-Economía; V-Hacienda pública; y, en la Sección Séptima: Régimen Municipal. Capítulo II-Disposiciones comunes a los Municipios. Facultades de disposición y administración (CD, 2012).

Norma sobre la Protección de los intereses difusos o colectivos, cuyo Artículo 12, expresa: Queda garantizada a toda persona o grupo de ellas, sin perjuicio de la responsabilidad del Estado Provincial, la legitimación para obtener de las autoridades administrativas o jurisdiccionales, la protección de los intereses difusos o colectivos. Este artículo permite entonces, promover acciones que lleven a la protección del ambiente de las cuencas en general, y del agua en particular.

Los Artículos 15,16, 17 y 18, establecen los derechos individuales de los ciudadanos para, asociarse con fines útiles y pacíficos; peticionar a las autoridades y a obtener respuesta de ellas; para acceder, a la jurisdicción y a la defensa de sus derechos; a la libertad culto; al derecho de reunión; a la libertad de pensamiento y de información; declara que es igualmente libre la investigación científica y el acceso a las fuentes de información.

El Artículo 26 establece que toda persona o el Estado, afectado por una resolución definitiva de los poderes públicos, municipalidades o reparticiones autárquicas de la Provincia, en la cual se vulnere un interés legítimo, un derecho de carácter administrativo establecido en su favor por ley, decreto, ordenanza, reglamento o resolución anterior, podrá promover acción contencioso-administrativa y las demás acciones que prevea el código en la materia.

En cuanto a los derechos sociales, el Artículo 35 asegura los derechos de la mujer, mediante la efectiva igualdad de oportunidades y derechos de la mujer en lo laboral, cultural, económico, político, social y familiar, y el respeto de sus características socio-biológicas. Lo normado establece una importante base para la consideración de género que se elabore para la gestión del agua en la cuenca.

En el Artículo 37, se reconoce la pre-existencia de los pueblos indígenas, su identidad étnica y cultural; la personería jurídica de sus comunidades y organizaciones; y promueve su protagonismo a través de sus propias instituciones; El Estado les asegurará, entre otras cuestiones: La participación en la protección, preservación, recuperación de los recursos naturales y de los demás intereses que los afecten y en el desarrollo sustentable; su elevación socio-económica con planes adecuados.

En cuanto a Ecología y ambiente, el Artículo 38 en su primera parte expresa que, todos los habitantes de la Provincia tienen el derecho inalienable a vivir en un ambiente sano, equilibrado, sustentable y adecuado para el desarrollo humano, y a participar en las decisiones y gestiones públicas para preservarlo, así como el deber de conservarlo y defenderlo.

Específicamente sobre los Recursos naturales, el Artículo 41 establece que, la Provincia tiene la plenitud del dominio, imprescriptible e inalienable, sobre las fuentes naturales de energía existentes en su territorio. Podrá realizar por sí, o convenir, previa ley aprobada por los dos tercios de la totalidad de los miembros de la Legislatura, actividades de prospección, cateo, exploración, identificación, extracción, explotación, industrialización, distribución y comercialización, fijando el monto de las regalías o contribuciones por percibir. El aprovechamiento racional e integral de los recursos naturales de dominio público está sujeto al interés general y a la preservación ambiental.

Impulsa la promoción productiva en el Artículo 45, en el que se establece que, la Provincia creará los institutos y arbitrará los medios necesarios, con intervención de representantes del Estado, entidades cooperativas, asociaciones de productores, de profesionales, de trabajadores agropecuarios, forestales y de actividades vinculadas, de organizaciones empresarias y de crédito, para la defensa efectiva de la producción.

Norma sobre las zonas de influencia de obras de canalización e infraestructura, en el Artículo 48, expresa que la ley establecerá las condiciones en que se hará la reserva o adjudicación de las tierras ubicadas en la zona de influencia de las obras de canalización de las corrientes y de los reservorios de agua, o de toda obra de infraestructura que valorice significativamente la propiedad. Expresamente señala que el mayor valor del suelo producido por la inversión y el impacto de las obras, deberán ser aprovechados por la comunidad.

Define lineamientos para la Reconversión productiva, Artículo 49, la Provincia promoverá la transformación de los latifundios y minifundios en unidades económicas de producción, a cuyo efecto expropiará las grandes y pequeñas extensiones de tierra que en razón de su ubicación y características fueren antisociales o antieconómicas.

Específicamente sobre Recursos Hídricos, el Artículo 50 establece, la Provincia protege el uso integral y racional de los recursos hídricos de dominio público destinados a satisfacer las necesidades de consumo y producción, preservando su calidad; ratifica los derechos de condominio público sobre los ríos limítrofes a su territorio; podrá concertar tratados con la Nación, las provincias, otros países y organismos internacionales sobre el aprovechamiento de las aguas de dichos ríos. Regula, proyecta, ejecuta planes generales de obras hidráulicas, riego, canalización y defensa, y centraliza el manejo unificado, racional, participativo e integral del recurso en un organismo ejecutor. La fiscalización y control serán ejercidos en forma independiente.

Promociona la Cooperación libre, Artículo 52: La Provincia reconoce la función social de la cooperación libre sin fines de lucro. Promoverá y favorecerá su incremento con los medios más idóneos y asegurará una adecuada asistencia, difusión y fiscalización que proteja el carácter y finalidad de la misma.

Los Servicios públicos, Artículo 54: Los servicios públicos pertenecen al Estado Provincial o a las municipalidades y no podrán ser enajenados ni concedidos para su explotación, salvo los otorgados a cooperativas y los relativos al transporte automotor y aéreo, que se acordarán con reserva del derecho de reversión. Los que se hallaren en poder de particulares serán transferidos a la Provincia o municipalidades mediante expropiación. La ley determinará las formas de explotación de los servicios públicos a cargo del Estado y de las municipalidades y la participación que en su dirección y administración corresponda a los usuarios y a los trabajadores de los mismos.

La participación de impuestos, Artículo 62, la participación que en la percepción de impuestos u otras contribuciones provinciales o nacionales, corresponda a las municipalidades y a los organismos descentralizados les será entregada en forma automática, por lo menos cada diez días a partir de su percepción. A los municipios les serán remitidos los fondos en los porcentajes y con los parámetros de reparto que establezca la ley. Las municipalidades y organismos descentralizados podrán ser facultados para el cobro de los tributos en cuyo producido tengan participación en la forma y con las responsabilidades que la ley establezca.

En cuanto a la descentralización de la provincia hacia los municipios, Artículo 202: Los municipios podrán convenir con el Estado Provincial su participación en la administración, gestión y ejecución de obras y servicios que se ejecuten o presten en su ejido y áreas de influencia, con la asignación de recursos en su caso, para lograr mayor eficiencia y descentralización operativa. Tendrán participación en la elaboración y ejecución de los planes de desarrollo regional y en la realización de obras y prestaciones de servicios que los afecten en razón de la zona. Es obligación del Gobierno Provincial prestar asistencia técnica y económica.

### 6.2. Código de Aguas, Ley 3230

Por su parte el Código en su Artículo 3, define la orientación de la política hídrica provincial, en una serie de 15 objetivos básicos, entre cuyos aspectos centrales, se mencionan: a) impulsar el desarrollo racional e integral de los recursos hídricos, como elemento condicionante de la supervivencia del género humano y todo el sistema ecológico, promoviendo con amplio sentido proteccionista su mejor disfrute, el de los otros recursos naturales y del medio ambiente; b) impulsar y mantener un adecuado conocimiento integral de los recursos hídricos en cuanto a cantidad, calidad y oportunidad en su aprovechamiento, así como de su carácter condicionante de las actividades humanas; c) instrumentar el aprovechamiento de los recursos hídricos, como elemento de integración territorial de la provincia y de imposición de una justa orientación del desarrollo social, económico, cultural y demográfico acorde con las respectivas políticas generales; d) desarrollar un sistema de planificación del conocimiento y aprovechamiento de los recursos hídricos provinciales, y promover su coordinación con la planificación general de la provincia; e) impulsar el aprovechamiento de los recursos hídricos en forma racional y conforme a un adecuado ordenamiento jerárquico de los valores, usos esenciales, socio-económicos e individuales a satisfacer; f) promover activamente la integración de las disponibilidades hídricas, procurando un aprovechamiento conjunto, alternativo o singular de aguas superficiales, subterráneas y meteóricas, conforme lo aconsejen circunstancias de lugar, el tipo y naturaleza del uso a satisfacer y factores económicos y de eficiencia en la utilización;

g) propender al uso múltiple de los recursos hídricos, y a la integración coordinada desde el punto de vista funcional entre todos ellos mediante el manejo y administración común a toda manifestación hídrica, asignando valor prioritario a los proyectos de usos múltiples sobre los de uso singular siempre que ello esté justificado técnica, social y económicamente; h) tender a la economía en el uso de los recursos hídricos, a través de su utilización eficiente, posibilitando, así la disponibilidad para otros usos, previendo sobre su derroche, contaminación y degradación; i) procurar la preservación integral de los recursos hídricos actuando fundamentalmente sobre las causas de contaminación o degradación y, en forma consecuente, sobre sus efectos; j) promover en el seno de la sociedad el conocimiento de los métodos y tecnologías necesarias para el adecuado uso, conservación y preservación de los recursos hídricos, en atención a que ellos -más que cualquier otro recurso natural- están destinados al uso de todos; k) coordinar y promover las acciones de los organismos públicos, autárquicos y privados que tengan como objeto la defensa de los predios y del medio ambiente contra los efectos nocivos de las aguas, en especial inundaciones, empantanamientos y salinización; l) procurar la revisión integral de la legislación y reglamentaciones existentes y mantener su permanente actualidad, con el fin de adecuar su comprensión, mejorar su alcance y simplificar su aplicación. ello fundamentalmente, en cuanto al conocimiento y aprovechamiento de los recursos hídricos, a través de la aplicación de la ciencia, la técnica y la tecnología que resulten apropiadas, para promover e impulsar un conveniente desarrollo del sector; m) procurar la ejecución y la permanente actualización de un inventario de los recursos hídricos disponibles y potenciales y la organización de un banco de información que disponga de un método ágil de almacenamiento, procesamiento y consulta de datos. a tal fin deberá establecerse un conveniente grado de coordinación y complementación reciproca con los organismos nacionales que, según el caso y oportunidad, tengan competencia o injerencia sobre el particular;

Los 2 últimos incisos de este Artículo, expresan: n) promover en forma gradual, el desarrollo y operatividad del gobierno y administración de los recursos hídricos, dentro del concepto y marco de la unidad jerárquico-funcional superior que ejerza la autoridad política y ejecutiva en forma orgánica y coordinada con otros sectores involucrados. Dentro de tal unidad, promover el desarrollo de la autoridad y del sistema de planificación hídrica provincial, coordinado con la planificación regional y nacional; y, muy específicamente se define en el inciso siguiente: o) propiciar y desarrollar, gradual pero activamente, la participación de los usuarios, a través de las Comisiones de Manejo de Agua y Suelo, tanto en la programación del desarrollo de los recursos hídricos, como en la misma administración y control de las utilizaciones.

En el Título IV, Del uso y aprovechamiento del agua, el Articulo 75, establece que toda persona natural o jurídica, sea esta ultima de derecho público o privado, tendrá derecho al uso y aprovechamiento de los recursos hídricos que sean necesarios para el desarrollo racional de sus legítimas actividades económicas y sociales; las dotaciones deberán adecuarse en cantidad y calidad a las disposiciones de agua y a los objetivos de la política hídrica; la autoridad de aplicación deberá promover el desarrollo de los recursos hídricos, a fin de obtener, de manera creciente y armoniosa la satisfacción de las necesidades hídricas en el territorio provincial, en concordancia con los objetivos de desarrollo.

En el Capítulo IV, de las normas sobre los usos especiales. Sección III, Uso agrícola y silvícola, Artículo 132, las concesiones para riego se otorgarán a propietarios de predios, adjudicatarios con título provisorio de tierras fiscales, arrendatarios con contrato escrito, al estado y a las Comisiones de Manejo de Agua y Suelo.

En el Título V, De las obras hidráulicas, Artículo 197, las obras hidráulicas podrán ser públicas o privadas; son públicas aquellas construidas para utilidad común o beneficio general, y las que se efectúen en bienes del dominio público. Son privadas aquellas que, construidas por los particulares en sus predios, se ejecuten para el ejercicio de sus derechos.

En el Capítulo II, De los acueductos, Artículo 211, a los fines previstos en el Código, la red de distribución de las aguas publicas queda integrada por los siguientes acueductos: a) conducción matriz: es el acueducto que deriva directamente de la fuente de provisión y conduce el agua hasta la zona de aprovechamiento; b) conducción primaria: es aquella que deriva de una conducción matriz o directamente de la fuente, y se constituye en el acueducto principal que inicia el sistema de distribución; c) conducción secundaria: es el acueducto que deriva de una conducción primaria y entrega directamente el agua al usuario.

El Artículo 212, define, la administración, operación y mantenimiento de la red de distribución de aguas, estará a cargo de la autoridad de aplicación, Comisiones de Manejo de Agua y Suelo o de los usuarios en forma individual, conforme se establezca en la reglamentación.

En el Capítulo III, De los desagües y drenajes, Artículo 222, el sistema público de evacuación de aguas superficiales y freáticas, quedará integrado por acueductos de desagües y drenaje, respectivamente, los que a su vez se clasifican en: a) interparcelarios:

son aquellos que recolectan las aguas de los drenajes y drenes parcelarios o internos, y las conducen hasta los colectores; b) colectores: son aquellos que reciben las aguas de desagües y drenes interparcelarios o internos, y las conducen hasta el colector general; c) colector general: es el que recibe las aguas de los colectores y las conduce fuera de la zona de riego o avenamiento hasta su destino previsto.

Articulo 223, la administración, operación y mantenimiento del sistema público de evacuación de desagües y drenajes, estará a cargo de la autoridad de aplicación, Comisiones de Manejo de Agua y Suelo, o de los usuarios individuales, conforme se reglamenten, y de acuerdo con lo previsto por este Código, el control de dicho sistema y el de las obras privadas que tengan el mismo objeto estará a cargo de la autoridad de aplicación.

En el Capítulo III, De los desagües y drenajes, Artículo 222, define: el sistema público de evacuación de aguas superficiales y freáticas quedara integrado por acueductos de desagües y drenaje, respectivamente, los que a su vez se clasifican en: a) interparcelarios; b) colectores; y, c) colector general.

En el Artículo 223, la administración, operación y mantenimiento del sistema público de evacuación de desagües y drenajes, estará a cargo de la autoridad de aplicación, Comisiones de Manejo de Agua y Suelo, o de los usuarios, individuales, conforme se reglamenten, y el control de dicho sistema y el de las obras privadas que tengan el mismo objeto estará a cargo de la autoridad de aplicación.

Artículo 228, los permisionarios de uso de aguas de desagües y drenajes, sin perjuicio de las obligaciones impuestas en el presente Código, deberán contribuir a la conservación, limpieza y reparación de los acueductos de desagüe y drenaje por donde se abastecen, en proporción a sus derechos.

En el Título VI, De la defensa contra los efectos nocivos de las aguas. Capítulo I, De las inundaciones y, de la erosión y preservación de márgenes, Artículo 247, la ejecución de las obras de desagües y mejoramiento integral, llevará implícita la declaración de utilidad pública, a fin de otorgar a los titulares de las mismas el derecho de expropiación y de constitución de servidumbre administrativa.

El Artículo 248, establece que, la construcción y mantenimiento de las obras de desagües y mejoramiento integral, podrá ser encargada por la autoridad de aplicación a las Comisiones de Manejo de Agua y Suelos, en la forma y condiciones que en cada caso establezca la reglamentación.

En la continuidad del orden numérico del articulado, el código prevé sobre la organización de los usuarios de cuenca para la gestión de los Recursos Hídricos, específicamente el Libro IX se titula: De las Comisiones de Manejo de Agua y Suelo, que se extiende entre los Artículos 313 y 325, en los que se definen sus objetivos, integrantes, la organización, y su relación funcional, jurídica y administrativa, con el APA. Por el Artículo 330, crea los Comités de Cuenca Hídrica, y por el Artículo 331, define a su vez, que estos Comités integran el sistema de Control independiente que debe ejercerse sobre la gestión de la Autoridad de aplicación del Código de Aguas. En el Anexo IV. Legislación COMAS, se presenta el texto completo del Libro IX.

### 6.3. Decreto Reglamentario de las COMAS

Mediante el Decreto N° 1290 del año 1989 del poder ejecutivo provincial, se reglamenta la constitución y funcionamiento de las COMAS, normada en el Libro IX del Código de Aguas, que a la fecha, continúa vigente.

La normativa establece como competencia de las COMAS:

- ✓ Atender a la captación de aguas por medio de obras permanentes o transitorias;
- ✓ Conservar y limpiar los canales y sistemas de desagües y drenajes;
- ✓ Construir y reparar las aducciones y obras de arte accesorias;
- ✓ Velar por el cumplimiento de las obligaciones que el Código, los Reglamentos, las resoluciones de la autoridad de aplicación y los estatutos imponen a las COMAS y a sus integrantes;
- ✓ Facilitar las actividades de policía administrativa de la autoridad de aplicación, sus agentes y delegados;

Para ser miembro de las COMAS, se debe ser propietario, arrendatario o residente en la respectiva jurisdicción, de predios de producción agrícola, pecuaria, forestal, o establecimientos industriales, mineros o comerciales, tanto para personas naturales como jurídicas de carácter privado.

En cuanto al área de jurisdicción de cada COMAS, define que la misma será establecida por la resolución que autorice su funcionamiento, a propuesta de la respectiva comisión organizadora, pero que para su determinación, se deberá tener en cuenta no solamente la división político administrativa de la provincia, sino principalmente los criterios hídricos, especialmente de cuencas y subcuencas, hidrológicas e hidrogeológicas.

Las COMAS tienen las siguientes características generales comunes:

- ✓ son asociaciones libres de productores, unidos por intereses comunes,
- ✓ no tienen finalidad de lucro, sino de servicio de sus asociados, y de preservación y conservación de los recursos naturales y el medio ambiente,
- ✓ representan los intereses de sus asociados frente al APA y otros organismos públicos, autárquicos y privados,
- ✓ elaboran su propio estatuto de organización,
- ✓ tienen personalidad jurídica y por lo tanto plena autonomía administrativa y financiera,
- ✓ no ponen límite estatutario al número de asociados ni al capital,
- ✓ conceden un solo voto a cada asociado, cualquiera sea su aporte económico o el volumen de sus actividades productivas y no otorgan ventajas ni privilegio alguno a los iniciadores, fundadores y consejeros,
- ✓ no tienen como fin principal ni accesorio la propaganda de ideas políticas, religiosas, de nacionalidad, región o raza, ni imponen condiciones de admisión vinculadas con ellas

Para la operación y mantenimiento de las obras hidráulicas privadas de interés y beneficio de sus asociados, así como las públicas que les sean entregadas en administración por la APA, las COMAS tienen derecho, y por tanto facultadas, a cobrar y percibir las respectivas cuotas de los costos de operación y mantenimiento que deban pagar los usuarios y beneficiarios, aunque no sean miembros de la COMAS respectiva.

Las otras fuentes de financiamiento que considera la legislación, son las siguientes: a) contribuciones de sus integrantes, según lo dispongan sus estatutos; b) contribución de particulares; c) contribuciones especiales que se acuerden para la ejecución de estudios, proyectos o trabajos; d) subsidios o aportes estatales; e) donaciones hechas por personas naturales o jurídicas; f) herencias o legados que se les acuerden; g) el producto de los bienes propios.

Para la operación y mantenimiento de las obras hidráulicas privadas de interés y beneficio de sus asociados, así como las públicas que les sean entregadas en administración por la APA, las COMAS tienen derecho, y por tanto facultadas, a cobrar y percibir las respectivas cuotas de los costos de operación y mantenimiento que deban pagar los usuarios y beneficiarios, aunque no sean miembros de la COMAS respectiva.

Las otras fuentes de financiamiento que considera la legislación, son las siguientes: a) contribuciones de sus integrantes, según lo dispongan sus estatutos; b) contribución de particulares; c) contribuciones especiales que se acuerden para la ejecución de estudios, proyectos o trabajos; d) subsidios o aportes estatales; e) donaciones hechas por personas naturales o jurídicas; f) herencias o legados que se les acuerden; g) el producto de los bienes propios.

Este decreto reglamentario también ha sido extensamente comentado en el Capítulo 4, Punto 4.4. “las organizaciones de cuenca en el Chaco”, en el que se detalla el contexto normativo dentro del cual se sancionó. En el Anexo IV. Legislación COMAS, se presenta el texto completo del Decreto reglamentario.

### 6.4. Principales hallazgos del capítulo

Como principal hallazgo en el desarrollo de este capítulo, se menciona la individualización y el análisis detallado, desde la ley madre provincial (la constitución), el código de aguas, hasta el decreto reglamentario de COMAS, en diversos aspectos normativos de aplicación orientados a una gestión de cuencas, los que, a efectos de una organización de actores para la implementación de un proceso GIRH en la cuenca, muestran adecuadas posibilidades.

En este sentido se destaca el Código de Aguas, por cuanto define claramente diversos roles institucionales específicos para la gestión del recurso, pero conservando una visión integradora que permite coordinar y optimizar esfuerzos, con otros actores intervinientes. Plantea también, los lineamientos centrales de diversos instrumentos para la gestión, con la particularidad de ser apropiados en términos de adecuación, de factibilidad y de aceptación comunitaria. El Código se convierte en un importante "ambiente facilitador" abriendo instancias para implementar mecanismos de participación, y a la coordinación transectorial, promoviendo criterios de gestión con procesos de "abajo-arriba".

# 7. PROPUESTA DE ORGANIZACION

## 7.1. Modelo de Organización para la cuenca del río Tapenagá basado en los principios de la GIRH

En el transcurso del desarrollo del capítulo 3, se han descripto las condiciones biofísicas y la dinámica del ambiente constituido por la cuenca hídrica del río Tapenagá, y luego, en el Capítulo 5, mediante la identificación de actores, se han descripto los intereses y la dinámica de su población, es decir, de quienes accionan en forma directa sobre los recursos hídricos de la cuenca. Ambos análisis proporcionaron valiosa información que se tomó en consideración para el desarrollo de este capítulo.

La consideración de la interrelación entre estos dos grandes aspectos, constituye una de las bases centrales de la propuesta de organización que se plantea, y por tanto ha sido uno de los factores decisivos en el diseño de sus distintas instancias y estructuras.

En este sentido, Dourojeanni y Jouravlev (2001), señalan que para poder tomar decisiones adecuadas con el objeto de alcanzar metas de gestión integrada del agua, es necesario armonizar los intereses y aspiraciones de las poblaciones y el entorno natural en el que se asientan. La carencia de sistemas que articulen estos dos grandes núcleos, es una de las causas de ingobernabilidad en materia de gestión integrada del agua.

Del análisis del Capítulo 6, "Marco Legal", surgen las adecuadas posibilidades que proporciona al respecto la legislación vigente, tanto la Constitución provincial, el Código de Aguas, así como el Decreto reglamentario de las COMAS, todo lo cual plantea un entorno sumamente propicio que se aprovecha sustancialmente, en todas las instancias propositivas de esta tesis, requiriendo sólo algunas adecuaciones y agregados, a la ley de Aguas (Código de Aguas) y al Decreto Reglamentario, todas las cuales tienen el carácter de complementarias y agregados, lo que simplifica sustancialmente su tratamiento legislativo, atento que no supone un cambio conceptual en las normas. Es decir, también en este aspecto, se han incorporado a la propuesta, las posibilidades que otorga el ambiente propicio. Estas se detallan en el punto 7.3, adaptación de la legislación.

Como se explica en el punto 4.4. "Las organizaciones de cuenca en el Chaco", las COMAS estarán integradas por propietarios, productores o residentes en la jurisdicción, y un representante de los municipios que queden comprendidos.

De la conjunción del análisis de actores de la cuenca en función a su esfera de acción, y las entrevistas realizadas, se observa la dominante presencia de los propietarios, residentes, y arrendatarios, en los procesos económicos: como productores agropecuarios y forestales, o integrando Cooperativas algodoneras; en el proceso socio-cultural: integrando la Asociación comunitaria aborigen, las Iglesias y las Escuelas rurales; y en el socio-ambiental: integrando el IDACH, los consorcios camineros, y los Consorcios productivos de servicios rurales; y también, aunque en menor grado, con participación en el proceso político, básicamente mediante actos eleccionarios, accediendo como Concejales en las localidades de su zona de influencia, e incluso como Intendentes.

En las entrevistas realizadas a los actores, se ha podido comprobar el alto grado de participación social de los propietarios o residentes, integrando numerosas entidades u organizaciones, tanto desde el punto de vista estrictamente de sus intereses personales, como de acción y beneficios comunitarios diversos. Es así entonces, que resulta común observar que un mismo productor integre cooperativas a los fines de la comercialización de sus producciones, integre asociaciones gremiales en el rubro de su actividad, integre organizaciones de fines comunitarios tales como los consorcios camineros, cooperadoras de las escuelas de su zona, y sea también integrante de alguna iglesia. Esto define muy claramente su activo perfil social y comunitario.

En la figura 5.2. "Grado de relacionamiento social entre los actores de la cuenca" correspondiente al análisis social de los actores en función de su enfoque de influencia, se puede observar el alto grado de relacionamiento social que presentan estas organizaciones que integran, graficado en la densidad de las líneas de vinculación trazadas, los que se encuadran mayoritariamente dentro de las categorías de dominantes e influyentes.

Como se señalara, esos grupos de actores se encuentran integrados por los mismos propietarios o residentes en la zona, estas razones otorgan sustento a lo establecido en el Código en cuanto a que las COMAS se integran por propietarios, productores o residentes en la jurisdicción, por cuanto resultan los actores adecuados para un proceso organizativo en la cuenca, por su presencia y relacionamiento social, por compromiso, por conocimiento y familiaridad. Consecuentemente, resulta conveniente mantener esta integración.

Al respecto debe señalarse que, tanto de las entrevistas realizadas, así como de los asiduos contactos y consultas efectuadas a los actores, sea del nivel político, del nivel gubernamental provincial y local, como del nivel económico y social, surgen de manera recurrente y coincidente, los siguientes tres aspectos: 1) la voluntad y disposición de los actores, a conformarse en algún tipo de organización para el manejo y la gestión de los recursos hídricos de la cuenca; 2) la familiaridad que les resulta en general, el tipo de organización que presentaron en su momento las COMAS; y, 3) el rescate de los aspectos positivos que dejó la experiencia vivida con las COMAS.

El aspecto 1), tiene como uno de sus fundamento la extrema variabilidad hidrológica que se registró en la cuenca desde la década de los años 80 a la fecha, pasando de gravísimas inundaciones a, también gravísimas sequías en la década del 2000, cuyas consecuencias productivas y económicas, han despertado y motorizado en los actores, la necesidad del manejo y gestión de los recursos hídricos, aspecto que los mismos actores señalan invariablemente.

El aspecto 2), encuentra fundamento en que el tipo de organización que presentaban las COMAS, les resulta muy amigable con su idiosincrasia, y de mucha familiaridad por cuanto es muy similar a la de los consorcios camineros, estructura que ellos mismos integran, y en la que vienen trabajando desde hace muchos años, con continuidad, y con buenos resultados, según sus propias expresiones, coincidentes con el concepto generado en el seno comunitario.

En el aspecto 3), los actores casi unánimemente, rescatan los aspectos positivos que dejó la experiencia vivida con las COMAS, y a los que potencialmente podrían haber llegado a desarrollar, como por ejemplo, el manejo del agua, particularmente en estos tiempos en que todavía persiste en la cuenca un notable déficit hídrico.

Este nivel de aceptación a la estructura de las COMAS por parte de los actores, contribuye también a explicar porque las sucesivas legislaciones que se fueron sancionando con el correr de los años, como por ejemplo lo ha sido el Código de Aguas en los primeros años del retorno de la democracia en la vida política Argentina, han mantenido esta figura organizativa, e incluso, manteniendo el nombre de COMAS.

En base a estos aspectos que proporcionan una sólida plataforma de legitimidad y aceptación comunitaria, y a la existencia de un marco normativo adecuado y favorable, se propone mantener la organización de las COMAS, como organización en primer grado de los actores, planteando algunos cambios en su estructura con el objeto de, por un lado, incorporar principios de GIRH en la misma, y por otro, incorporar diversas instancias de supervisión y contralor, que logren corregir los aspectos críticos o falencias que se advirtieron de la anterior estructura, como las señaladas en el Capítulo 4, al analizar la experiencia local, las COMAS.

A su vez, todas las COMAS que se conformen dentro de cada subcuenca, integrarán el correspondiente subcomité: (estructura de segundo grado) correspondientes respectivamente a las subcuencas alta, media, y baja. Estos tres subcomités de cuenca conformarán a su vez, el Comité de Cuenca Hídrica del río Tapenagá. (Estructura de tercer grado) generando un esquema de organización anidado, de forma piramidal, con una base constituida por las COMAS; Una estructura de integración física y socio-productiva de las COMAS en los Subcomité de Cuenca, para por último llegar al vértice de la pirámide con el Comité de Cuenca Hídrica del Rio Tapenagá que integra a los tres subcomités de Cuencas. En la Figura 7.1. se presenta un esquema de la estructura de organización propuesta

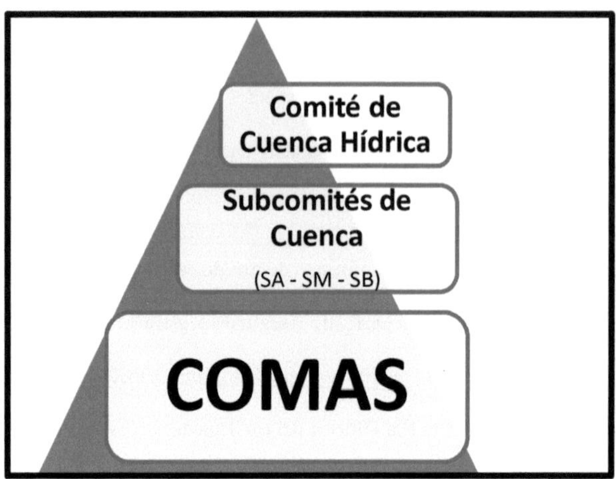


Figura 7.1. Estructura de organización propuesta

La estructura propuesta se fundamenta en la necesidad de reunir las experiencias de la COMAS como espacio de participación y de proximidad con los habitantes de la cuenca, pero promoviendo una estructura de organización creciente desde lo abarcativo como espacio de la cuenca, y desde lo jerárquico en su relación con el poder político. Así las COMAS, como base de la pirámide responden a los criterios de participación y de fundamentación para la toma de decisiones al nivel "más bajo posible". Serán estos ámbitos de participación, deliberación y consenso el comienzo de un proceso "abajo-arriba" que caracteriza la GIRH. En efecto, las inquietudes, necesidades y propuestas que surjan en el ámbito de las distintas COMAS, deberán articularse, en el marco de los subcomités, evaluando allí, conjuntamente con los otros actores, analogías o diferencias, situaciones comunes, o particularidades en un ámbito geográfico restringido (la subcuenca) que le da una mayor unicidad al análisis. Por último las formulaciones y proyectos a nivel de subcuencas serán analizadas a nivel del Comité de Cuenca, máximo órgano de gestión, quien dialogará con el poder político a partir de un esquema de ideas que ha sufrido un proceso evolutivo que lo sustenta y fundamenta y que responde sin duda a los criterios de la GIRH promoviendo una mejor gobernanza del agua a nivel de cuenca.

### *7.1.1 Las Comisiones de Manejo de Aguas y suelos (COMAS) (primer grado de la organización)*

La misión institucional de las COMAS definida por la legislación vigente les otorga un amplio rango de posibilidades para la gestión del agua, permitiéndoles plantear procesos de gestión del recurso incorporando criterios de GIRH.

En lo referente a la delimitación del área de jurisdicción de cada COMAS, se mantiene lo señalado por el Código de Aguas al respecto, que hace especial énfasis en los criterios hídricos, especialmente de cuencas y subcuencas y, para efectuar la delimitación entre las COMAS dentro de cada subcuenca, se siguieron criterios de similitud socio-ambiental y productiva.

La definición precisa de estos límites, no obstante debe ser establecida en forma conjunta entre la autoridad de aplicación y los propios actores, siguiendo criterios locales de accesibilidad, de proximidad a centros estratégicos o lugares de interés, y del relacionamiento social de los actores. Este aspecto es importante porque por un lado, se comienzan a incorporar procesos de gestión integrada desde el mismo inicio de la organización y a la vez, se cumple lo normado por el Código al respecto, que establece que el área de jurisdicción debe ser propuesta por la junta organizadora (ver punto 4.4. Las organizaciones de cuenca en el Chaco).

En base a estos criterios, en la SA se identifica la posible organización de 3 COMAS, circunscriptas en la delimitación de las áreas de aporte del escurrimiento superficial de los cauces: Bajo Hondo I, Bajo Hondo II, y, Bajo Hondo III, todos los cuales se alinean en forma aproximadamente paralela entre sí, y en el sentido general del escurrimiento superficial de la cuenca, como puede apreciarse en la figura 7.2.

En la SM, se identifican 2 COMAS, uno en la parte alta de la subcuenca, en la cual se verifica la importante presencia en número, de pequeños productores de actividad mixta, y la presencia de la Colonia Aborigen Chaco, definiéndose como límite sur de esta comisión, el trazado de la ruta provincial N° 10 en el tramo que une Machagai con Haumonia; y la otra COMAS, en la parte inferior o baja de la subcuenca, a continuación de la anterior, donde comienza el predominio de grandes extensiones de esteros y bañados, dedicados dominantemente a la producción ganadera, hasta el final de la subcuenca (figura 7.2)

En la SB, se identifican 2 COMAS, una en la parte superior de la subcuenca, donde se mantienen las características de predominio de grandes extensiones de esteros y bañados, dedicados dominantemente a la producción ganadera, definiéndose como límite sur, la delimitación del Departamento San Fernando (trazado con sentido norte-sur), 15km aguas arriba de la localidad de Basail, la que se ubica sobre la Ruta Nacional N° 11. La otra COMAS a continuación de ésta, donde ocurre la presencia de la denominada dorsal de ingreso al valle del río Paraná, un bloque tectónico más elevado topográficamente, con presencia de bosques altos, con suelos de mayor aptitud productiva, donde se verifica un importante actividad agrícola, y también, donde se produce el ingreso a la jurisdicción política de la provincia de Santa Fe, y finalmente, el ingreso y descarga en el valle de inundación del río Paraná (figura 7.2).

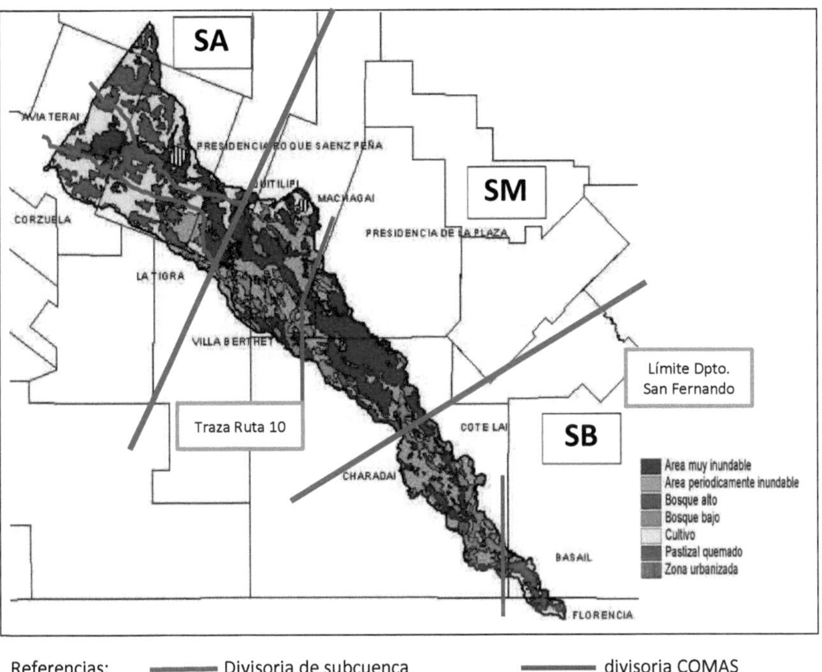


Figura 7.2. Delimitación de COMAS en cada subcuenca

*Estructura de funcionamiento de las COMAS*

Al momento de proponer una estructura de funcionamiento de las COMAS, debe recuperarse la experiencia ganada buscando una convergencia entre los esquemas organizativos ya fijados en las normativas y aquellos que el desarrollo de esta tesis hacen aparecer como nuevos elementos cuya inclusión en el modelo de organización haría de las COMAS una estructura de gestión que responda a los criterio de la GIRH.

Sobre esta premisa los elementos constitutivos de las COMAS, referirán por un lado a la normativa ya existente y por otro, sumarán nuevos componentes acorde a los paradigmas que guían el desarrollo de esta tesis. De este modo se tiene:

1. Elementos constitutivos de la COMAS, ya previstos en las normativas vigentes:

    a. Junta Directiva

    b. Junta Revisora de Cuentas

    c. Asambleas Generales y Extraordinaria

2. Nuevas instancias de gestión que se incorporan en el marco de las COMAS:

    d. Junta de fiscalización y seguimiento

    e. Junta Asesora.

En la figura 7.3, se presenta la estructura de la organización de las COMAS que integra lo existente con las incorporaciones propuestas.

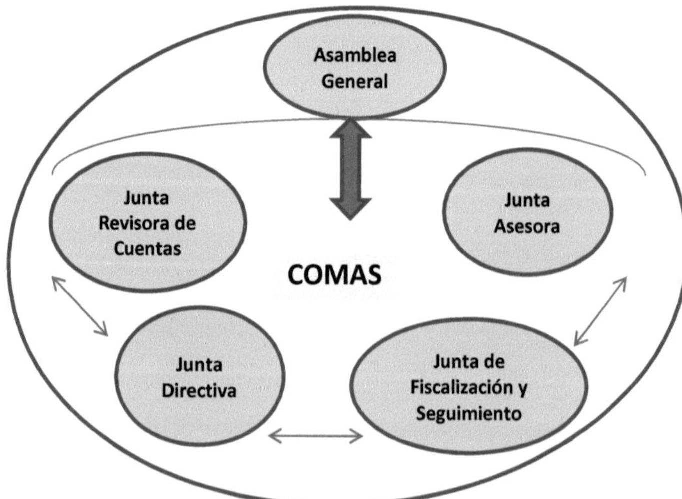


Figura 7.3. Estructura de organización de las COMAS

El Decreto reglamentario[7] establece que la Asamblea General, compuesta por todos los miembros constituyentes de la COMAS (que adquieren el carácter de miembros plenos), es el órgano superior de la misma y el único con competencia para: a) elegir y remover, a los miembros de la Junta Directiva, la Revisora de Cuentas, y cualquier otro organismo que se establezca en los estatutos; b) aprobar y modificar los Estatutos; c) aprobar los planes de trabajo y presupuestos anuales, ; d) aprobar rendiciones de cuentas; e) disolver la COMAS. A lo ya establecido en la normativa se propone incorporar las siguientes funciones a) Aprobar los integrantes de la Junta Asesora que serán propuestos por la Junta Directiva , y la elección (y remoción) de los integrantes de la Junta de Fiscalización y seguimiento. Asimismo se deberá modificar el punto c) de las atribuciones vigentes facultándola para avalar los planes de trabajo y presupuestos anuales a ser presentados ante el Comité de Cuenca para su aprobación. Dicho planes deberán ser elaborados por la Junta Directiva

El Decreto reglamentario establece que, la Junta Directiva, es el órgano ejecutor, es la que implementa los planes de trabajo. Estará integrada como mínimo por 3 miembros, y un máximo de 7, de los cuales necesariamente se cubrirán los siguientes 3 cargos: Presidente, Secretario y Tesorero, todos los cuales serán elegidos en Asamblea entre los miembros plenos. Se propone elevar a 4 el número mínimo de miembros, incorporando una mujer específicamente, como Secretaría de la mujer.

El mismo Decreto establece que la Junta Revisora de Cuentas, estará compuesta por un mínimo de 3 miembros, elegido en Asamblea entre sus miembros plenos, ninguno de los cuales puede pertenecer a la Junta Directiva. A la normativa vigente se propone incorporar,

[7] Decreto Provincial N° 1.290 del año 1989 – Reglamentario de las COMAS (detallado en el Punto 7.3.)

como resultado de esta tesis, la restricción a los miembros de esta junta de no pertenecer a ninguna otra instancia de organización o contralor. En cuanto a sus funciones: básicamente, es un órgano de contralor financiero, para lo cual, tendrá libre acceso a cuentas, libros y documentación, que de conformidad a la legislación, debe llevar la Junta Directiva. Debe auditar sobre la memoria y el balance anual, elaborar los correspondientes informes, y hacerlos públicos en las Asambleas, como condición previa a la consideración de los presupuestos anuales, y de rendiciones de cuentas.

Como se expresara, esta tesis incorpora la creación de una Junta de Fiscalización y Seguimiento, como la encargada de controlar que todas las acciones estén realizadas en función al cumplimiento del plan de trabajos, encuadrado en los lineamientos aprobados. Básicamente su función es de ejercer el control social, que se cumplan los estatutos, planes, presupuestos, lineamientos, y se promueva el desarrollo y la aplicación de las estrategias y prácticas específicas de su objetivo. Verifica que la Junta Revisora de Cuentas ejerza los controles correspondientes que le compete sobre la Junta Directiva, y supervisa a la Junta Revisora de Cuentas. Los integrantes de esta Junta no pueden integrar ninguna de las otras juntas.

La Junta de Fiscalización y Seguimiento estará integrada por, un representante de las Escuelas rurales dentro de su jurisdicción; un representante del Consorcio Productivo de Servicios Rurales, en el caso que existan en la jurisdicción; un representante aborigen (de la Colonia Aborigen en el caso de la COMAS de la parte alta de la SM); una representante mujer, elegida entre sus miembros, para resguardo del enfoque de género, representante que no podrá tener ningún tipo de parentesco familiar con alguno de los integrantes de las otras Juntas; un representante de cooperativas agrícolas; un representante de cámaras o asociaciones ganaderas; un representante de asociaciones o cámaras forestales, en caso de existir en la jurisdicción; un representante de los municipios en la jurisdicción, que no integre alguna de las otras juntas y en el caso que sea un solo Municipio y que se encuentre integrando otra junta, este lugar deberá ser integrado por un Concejal del bloque político de la primera minoría. Tendrá un mínimo de 4 integrantes, por lo que en los casos que resulte necesario, la Asamblea designará entre sus miembros los faltantes para completar el número, pero ninguno de los cuales podrá estar integrando otra instancia. Solicitará el asesoramiento que considere, a la Junta Asesora. Podrá proponer temarios a ser tratados en la Asambleas generales. Está facultada para pedir los informes a cualquiera de las Juntas y solicitar la convocatoria a una Asamblea extraordinaria. Deberá presentar sus informes en las Asambleas, como condición previa a la consideración de los presupuestos anuales, y de rendiciones de cuentas.

El restante componente de la COMAS propuesta en esta tesis, es la Junta Asesora, como una instancia de consulta y apoyo para la toma de decisiones, y para la concepción y armado de proyectos, brindando el sustento técnico necesario. Su función es, desde el inicio, orientar y colaborar en la elaboración de los planes de trabajo y los presupuestos anuales, campañas de difusión y extensión, en general, a todo lo que hace al cumplimiento de sus atribuciones en la cuenca. Centralmente, asesora a la Junta directiva que es la instancia ejecutiva, pero, se persigue el objeto que esta Junta asesora se constituya en una instancia de permanente consulta de la COMAS en su conjunto, tal que le proporcione el adecuado sustento y orientación a su accionar, constituyéndose a la vez, en un elemento de capacitación y de fortalecimiento de las capacidades de los actores.

A este efecto, se propone que la Junta Directiva deberá presentar el correspondiente Informe de la Junta Asesora, como condición previa a la consideración de la viabilidad de los planes anuales de trabajo, que deben ser avalados por la Asamblea. Este condicionamiento tiene como objeto mantener un intercambio mínimo de la Junta directiva con la Junta Asesora, logrando por un lado, un adecuado sustento a todo el accionar ejecutivo, y por otro, poner en conocimiento general y discusión, las acciones a realizar. La Junta Asesora se reunirá como mínimo una vez cada 6 meses, y todas las veces que sea convocada por cualquiera de las restantes Juntas.

La Junta Asesora estará integrada por el delegado de la APA con jurisdicción en la zona, el Delegado Extensionista de Agricultura, el Delegado Extensionista de Ganadería, el Delegado de la Dirección de Bosques, un representante del INTA y un representante por cada una de las Universidades con presencia regional que acepten, o soliciten incorporarse. En la actualidad, en el caso de las universidades Nacionales, en la cuenca se cuenta con la presencia activa de la Universidad Nacional del Chaco Austral con asiento en la ciudad de Presidencia R. Saenz Peña, y las extensiones áulicas en esa ciudad, de la Universidad Nacional del Nordeste y de la Universidad Tecnológica Nacional, ambas con sede central en la ciudad de Resistencia.

Las COMAS entonces, constituyen un primer nivel de organización de los actores, cuya característica principal, es de ejecución, la que presenta incorporada principios GIRH, destacándose la constitución de la Junta de Fiscalización y Seguimiento, como una instancia de contralor social por parte de sus actores, y simultáneamente como una instancia en la cual, a partir de la observación sirva para la incorporación de aspectos que surgen como demandados por el entorno; destacándose también la constitución de la Junta Asesora, que le otorga el necesario apoyo y orientación científica y tecnológica.

### *7.1.2. Subcomités de cuenca (Segundo grado de la organización)*

Se plantea como un aspecto novedoso (inexistente en la actual legislación), una segunda instancia de organización, mediante la creación de los Subcomités de cuenca, que integren y contengan a las COMAS existentes en cada subcuenca hídrica.

Conceptualmente, el planteo se basa en la creación de Subcomités de cuenca que reúnan de manera orgánica y organizada a los actores (sistema social), asentados en cada una de las subcuencas hidrográficas en que ha sido dividida la cuenca (Sistema Físico), ya que cada una de éstas agrupa aspectos e intereses comunes, tanto, naturales, ambientales, productivos, de distribución de la población, y de idiosincrasia de sus pobladores.

La misión central de los subcomités, es de articulación Interinstitucional, con los otros grupos u organizaciones de actores, que actúan en igual emplazamiento pero con otros fines, como por ejemplo los consorcios camineros, coordinando sus planes y programas,. Asimismo tiene la finalidad de buscar los consensos y articular entre los Subcomités de cuenca, para la compaginación y ensamble de los respectivos planes de trabajo. Representa a la vez, a los integrantes de la Subcuenca en el Comité de Cuenca Hídrica.

Con estos subcomités, se produce por un lado, un proceso de descentralización hacia áreas que presentan mayor homogeneidad en términos sociales, productivos y ambientales, y por otro lado , al subdividir en las subcuencas, se produce una reducción de la circunscripción geográfica en consideración, lo que produce un efecto de "acortamiento" de las distancias, cuestión que resulta importante a efectos de las relaciones entre los actores, ya que por sus costumbres, normalmente realizan este tipo de reuniones, durante los días de la semana en horarios de las primeras horas de la noche, luego de la jornada laboral, tratando que finalicen lo más temprano posible, para volver a sus casas, porque al otro día "hay que trabajar", según sus propios dichos.

Este aspecto resulta un elemento central en la consideración general, por cuanto ha sido una cuestión señalada por los actores como una limitante para su participación, que en la experiencia vivida les ha impedido concurrir a diversas reuniones de la COMAS, e incluso a las asambleas, instancia suprema de la organización.

Como se señalara, la definición de las subcuencas obedece a características físicas y socio-productivas. Se ha visto en el capítulo 3 (descripción del área de estudio), los rasgos comunes que las distintas subcuencas presentan, tanto en lo que hace a relieve, vegetación, uso del suelo, red hidrográfica etc, como en los tipos de asentamientos que allí se verifican. Obviamente estos rasgos distintivos no deben ser considerados como elementos de homogeneidad estricta, sino como parámetros descriptivos generales. Precisamente las particularidades que dentro mismo de la subcuenca se pueden presentar, son incorporadas en las distintas COMAS que la subcuenca posee, permitiendo de este modo irlos incorporando en un esquema progresivo y gradual de los particular a lo general.

El Subcomité de Cuenca se encuentra integrado por: las COMAS (mediante un representante de la Junta directiva); el representante de la APA; los Consorcios camineros que se encuentran dentro de la jurisdicción, mediante un representante designado al efecto; el jefe de la Delegación Zonal de la DVP; el representante del Ministerio de la Producción; representante del Ministerio de Planificación y Ambiente; representante del Ministerio de Salud; representante del Ministerio de Educación; y, representante del Ministerio de

Gobierno, en el caso del Subcomité de Cuenca Media, por un representante de la Asociación de la Colonia Aborigen, y un representante del IDACh; los Intendentes de los municipios que integran la subcuenca; un Director de las escuelas rurales en representación de las mismas; la designada en la Secretaría de la Mujer de las COMAS, lugar que será rotativo, consecutivo, de duración anual (para su primera designación se realizará un sorteo); un representante de los consorcios productivos de servicios rurales que se encuentren en actividad; un representante de asociaciones de productores agrícolas; un representante de asociaciones de productores ganaderos; un representante de asociaciones de productores forestales.

El subcomité será presidido por los representantes de las COMAS que lo integran, en forma rotativa, continua y de duración anual (para la primera designación se realizará un sorteo), ejerciendo la vicepresidencia, el representante de la APA.

Se reunirá como mínimo 3 veces en el año calendario, y todas las veces que sea necesario para el logro de sus objetivos, pudiendo ser pedido por cualquiera de sus integrantes. Será convocado por la presidencia o la vicepresidencia, indistintamente. El subcomité, elaborará su propio estatuto de funcionamiento.

Los Subcomités de cuenca, se constituyen en instancias de segundo grado en este esquema anidado que presenta la tesis. Se espera que los subcomité promuevan espacios de articulación interinstitucional, con las otras organizaciones de actores, tanto privados, como estatales, logrando ensamblar la visión integral e integrada de la gestión, integrando en la misma a todas las organizaciones que potencialmente pueden realizar alguna acción en la respectiva subcuenca.

### *7.1.3. Comité de Cuenca Hídrica (tercer grado de la organización)*

La Ley 4255 de reforma al Código de Aguas del año 1996, crea los Comités de Cuenca Hídrica una figura organizativa anteriormente inexistente, que nunca llegó a implementarse, y que resulta necesaria y oportuno aprovechar, en el marco de los principios de la GIRH.

La presente tesis propone modificar parcialmente aquella ley, con el objeto que el Comité de Cuenca Hídrica se integre en cuanto a sus actores, por medio de las organizaciones de segundo grado, los Subcomités de cuenca, esto es, los Subcomités de Cuenca Alta, de Cuenca Media y de Cuenca Baja, constituyendo una organización de tercer grado. La creación del Comité de Cuenca Hídrica del Río Tapenagá tiene como propósito, disponer de una estructura de organización que agrupe, articule y coordine la instancias organizacionales de menor grado que se han propuesto a los fines de esta tesis, con una cobertura geográfica amplia, integral de la cuenca, pero con una adecuada referenciación de las particularidades de cada sector tanto desde la perspectiva del sistema natural, como de los sistemas socio-productivos allí emplazados.

Este enfoque en la gestión de la cuenca adquiere importancia, como expresa la GWP (2003), para tener una visión con carácter holístico e integral sobre sus recursos hídricos en el contexto general de la cuenca, considerando las consecuencias que puede provocar una determinada acción sobre el recurso tanto desde la perspectiva de las propagaciones geográficas de los efectos, como de las repercusiones que determinadas medidas tienen sobre los diferentes actores de la cuenca, tanto a nivel del sector socio productivo como en el propio ámbito de la naturaleza.

La Misión del Comité de Cuenca Hídrica, es de planificación integral, de consenso y acuerdos a nivel de cuenca para el manejo del recurso hídrico, esto es, la integración del manejo entre las 3 subcuencas, y centralmente, de aprobación de los respectivos planes de trabajos y presupuestos.

Integrando las premisas que establece la GIRH, se plantea que el Comité de Cuenca Hídrica del Río Tapenagá se integre además de, los representantes de los Subcomités de Cuenca: Alta, Media y Baja, con una *Junta de Organismos*, compuesta por representantes oficiales de las distintas áreas del Estado provincial, con injerencia en la cuenca. Se propone su integración con, el representante de la APA; el representante del Ministerio de la Producción; el representante del Ministerio de Planificación y Ambiente; y el representante de la Dirección de Vialidad Provincial.

De este modo se reúnen en una estructura de organización, los tomadores de decisión, (sector político) con los representantes genuinos de los interesados en la cuenca (stakeholder) que encuentran en las COMAS y en la representación de estas en la Subcomité de cuenca una vía de participación donde exponer sus problemáticas. Esas demandas, deberán ser objeto de atención de sector político, cuya gestión transectorial e integrada, permitirá funcionar al Comité de cuenca como un verdadero ejemplo de gestión del agua bajo los principios de la GIRH.

En la Figura 7.4, se observa la estructura de organización del Comité de cuenca hídrica propuesto.

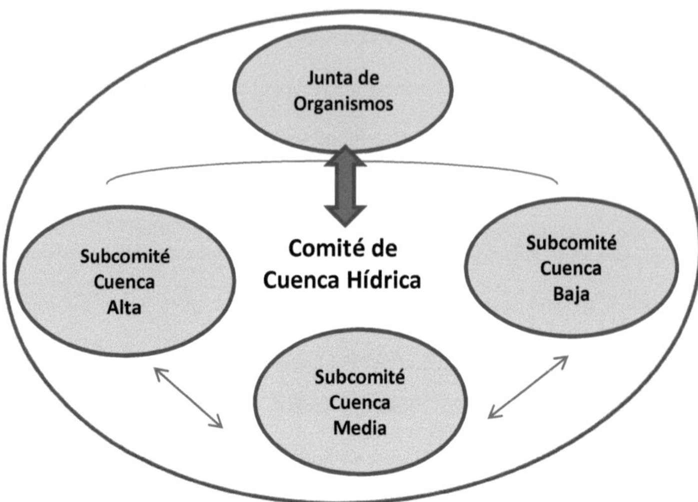


Figura 7.4. Estructura de organización del Comité de Cuenca Hídrico

El Comité de Cuenca Hídrica será presidido por el representante de un subcomité, en forma rotativa consecutiva, de duración anual (para la primera designación se realizará un sorteo), ejerciendo la vicepresidencia el representante de la APA. Se reunirá como mínimo 1 vez al año, y todas las veces que resulte necesario, pudiendo ser pedido por cualquiera de sus integrantes. Será convocado por la presidencia o la vicepresidencia, indistintamente. El comité, elaborará su propio estatuto de funcionamiento.

La figura de Comité de Cuenca creada por la mencionada reforma al Código de Aguas, tiene una conformación del tipo de una instancia Federativa, tanto para las COMAS como para las organizaciones de la cuenca, y una muy ambigua definición de competencias y de límites geográficos, mientras que con la presente propuesta, se logra darle un estricto carácter de cuenca hídrica, respetando las divisorias hídricas de las subcuencas, priorizando la participación de la organización de las COMAS, e incorporando una visión integral e integrada en su conformación para el manejo de los recursos hídricos en la cuenca, con una clara definición de responsabilidades y competencias. Esto constituye un logro importante de la presente tesis para la organización de los actores.

El análisis de las funciones de los distintos niveles permite observar con claridad la diferenciación entre instancias de decisión, instancias de articulación e integración instancias de ejecución. En efecto, el proceso "abajo-arriba" y "arriba-abajo", queda perfectamente establecido en la estructura anidada propuesta. De este modo, las COMAS inician el proceso a través de las instancias deliberativas y de formulación de propuestas, las que se articulan e integran en el nivel de subcuenca, para alcanzar las etapas decisorias en el Comité de cuenca. Esta decisión, luego "baja" a las esferas de las COMAS para su ejecución.

A continuación, se presenta la Tabla 7.1., en el que se resumen, el tipo de instancia, la estructura de organización, el nivel de organización y sus integrantes, que integran la estructura de gestión de la Cuenca del Río Tapenagá. Asimismo se destacan las funciones de cada nivel de organización.

Tabla 7.1. Resumen de la estructura de organización propuesta

| ESTRUCTURA | Nivel de Organización | INTEGRANTES | FUNCIONES |
|---|---|---|---|
| **Comité de Cuenca Hídrica del Río Tapenagá** | Tercer Grado | Subcomité de Cuenca Alta<br>Subcomité de Cuenca Media<br>Subcomité de Cuenca Baja<br>Junta de Organismos Provinciales | Aprobación Planes y Presupuestos / Coordinación entre Subcuencas |
| **Subcomité de Cuenca** | Segundo Grado | COMAS<br>APA<br>Representante Mujer<br>Consorcios Camineros<br>Delegacion Zonal DVP<br>Intendentes<br>Director Escuelas<br>Ministerio de la Producción<br>Mterio. Planificación y Ambiente<br>Ministerio de Salud<br>Ministerio de Educación<br>Ministerio de Gobierno<br>Asoc. Colonia Aborigen<br>IDACh (Cuenca Media)<br>Consorc.Serv.Prod.Rurales<br>Asoc.productores agrícolas<br>Asoc.productores ganaderos<br>Asoc.productores forestales | Articulación Interinstitucional entre los distintos actores de la subcuenca |
| **COMAS** | Primer Grado | Propietarios<br>Productores<br>Residentes<br>Municipios comprendidos | Deliberativa, propositiva y ejecutiva |

## 7.2. Financiamiento

### *7.2.1. Consideraciones generales para el financiamiento*

En términos generales, Jimenez et al. (2011), mencionan los principales rubros que generan gastos en las comisiones de cuenca, y que deben ser atendidos, señalando:

1. La etapa de organización para la ejecución, que genera gastos logísticos; de personal: técnico, contable y administrativo; adquisición de: mobiliario, equipos, infraestructura, alquileres, etc.
2. La ejecución de los programas y sus proyectos que integran el plan integral de intervención en la Cuenca
3. Conservación, mantenimiento y operación de obras
4. La implementación del sistema de monitoreo y evaluación
5. Mitigación ambiental
6. La sistematización y comunicación de experiencias, desde el momento de la implementación del plan. Esto incluye gastos en impresiones gráficas, audiovisuales, y difusión periodística general en el ámbito de la cuenca

Señalan también, que es fundamental reconocer las fuentes de referencia, para identificar los posibles mecanismos de financiamiento de los planes que se desarrollen, destacando los siguientes:

a) **Identificar mecanismos estables de financiamiento**, relacionados a los servicios ambientales y/o hídricos, derivados del buen manejo de cuencas (ejemplo, canon de uso, o pago de servicios ambientales). En este caso el mecanismo tiene relación con las externalidades de las cuencas y cómo, mediante su valoración, son expuestos a modalidades de negociación para internalizarlos en los programas y proyectos de los planes de manejo en las cuencas.

b) **Identificar mecanismos eventuales de financiamiento**, relacionados con los recursos naturales, hídricos, el ambiente, o la producción en general, que disponen de recursos programáticos, pero de plazos definidos de operatividad (normalmente, fondos nacionales sectoriales). En este caso, los mecanismos son variados, en ocasiones se deben realizar gestiones institucionales particulares hacia los sectores que disponen esos recursos.

c) **Identificar mecanismos externos, no reembolsables,** que varían de acuerdo a los organismos o países donantes. En este caso el mecanismo es definido por cada organismo donante, cada uno dispone de normas y reglas para realizar la gestión.

d) **Identificar mecanismos externos, generalmente crediticios**, que varían de acuerdo a las fuentes de los recursos (generalmente, bancos). En este caso, el mecanismo es definido por las entidades crediticias, que disponen de normativas y regulaciones para realizar la gestión de los recursos.

e) **Identificar mecanismos locales de acoplamiento e integración de recursos**. Con frecuencia no son recursos en dinero en efectivo, sino en aportes de capital humano, infraestructura construida, equipo, logística, etc. Suelen concretarse vías convenios entre las partes.

En la práctica, se trata de conseguir financiamiento desde la mayor cantidad posible de fuentes, para lo cual, se requiere disponer, a nivel de la organización de cuenca, de un medio que permita registrar, controlar y administrar la totalidad de los recursos que se gestionan y obtienen desde diversas fuentes. Esto implica, diseñar o definir una modalidad operativa para constituir un “fondo”, tal como un fondo hídrico para el manejo de la cuenca, un fondo ambiental, u otros similares.

Al respecto, entre los elementos que se deben considerar para el diseño de un Fondo, los autores citados definen,

**La Visión:**

Un mecanismo líder en el diseño e implementación de estrategias y gestión financiera, constituyéndose en un punto de encuentro y concertación de voluntades y acciones que apoyan la sostenibilidad de los recursos, y la calidad de vida de las poblaciones de las cuencas.

**Misión:**

Apoyar el financiamiento de las actividades de la organización, definidas en el plan de manejo integrado de la cuenca.

**Como Principios y valores institucionales**, señala: Las actividades del fondo se deben orientar a generar y fortalecer cambios hacia el desarrollo sostenible de los recursos naturales, mediante los siguientes principios y valores institucionales:

1. Planificar actividades que respondan básicamente, a políticas ambientales, con una orientación de apoyo a resolver las necesidades de recursos del plan de manejo integrado.

2. Generar y fortalecer procesos de gestión integrada mediante alianzas estratégicas entre diferentes actores, gubernamentales y privados, nacionales e internacionales, privilegiando procesos de coordinación e integración, con actores locales, en un marco de integración de género, equidad y respeto.

3. Enfocar acciones en el más amplio concepto del manejo hídrico de las cuencas, lo cual está relacionado con un enfoque ecosistémico, uso sustentable, recuperación de los diversos niveles de biodiversidad y distribución justa y equitativa de sus costos y beneficios.

4. Realizar acciones, procesos e inversiones, con la debida responsabilidad ambiental y social, trabajando con organizaciones, empresas, comunidades e instituciones, que igualmente cada una, asuman estas responsabilidades.

5. Realizar con integridad, transparencia (administrativa y contable), y eficiencia, todos los procesos y una adecuada rendición de cuentas de su gestión y administración.

6. Lograr la excelencia en la gestión, caracterizada por el compromiso, profesionalismo y calidad humana de directivos y equipo técnico, en un proceso de mejoramiento continuo.

Jiménez (2008) señala que no existe una única receta para lograr la sostenibilidad del manejo hídrico en las cuencas, la experiencia y muchos estudios de caso demuestran que para desarrollar procesos sostenibles, y una gestión financiera capaz de resolver la problemática con la particularidad que presentan las cuencas, se requiere necesariamente de una integración de factores, criterios, principios y enfoques, que se deben armonizar en la formación de capacidades, en el empoderamiento de los actores, y en una clara definición de competencias y responsabilidades.

En este sentido señalan, que la formación y el fortalecimiento de capacidades de gestión a los diferentes niveles, central, local y comunitario, es una decisión clave e importante, porque se deben constituir bases suficientes para planificar, administrar y gerenciar las actividades que se desarrollan con un enfoque integrado de gestión de los recursos en las cuencas. Esta debilidad y vacíos todavía son muy evidentes en muchos países de Latinoamérica, de sus instituciones, de sus organizaciones y de sus actores locales.

Advierte, que la capacitación en aspectos tecnológicos todavía seguirá siendo muy importante, no solo por el progreso y desarrollo de las alternativas, sino también para fortalecer el enfoque y la integración de nuevos aspectos, tales como la vulnerabilidad, riesgo hídrico, cambio climático, calidad total y globalización.

### *7.2.2. Fuentes y cuantificación esperables del financiamiento*

Las fuentes de financiamiento de las COMAS que contempla la actual legislación, y que se detallan en el punto 4.4. "Las organizaciones de cuenca en el Chaco", se encuentran condicionadas, por un lado, a alguna obra hidráulica cuya operación y mantenimiento se encuentre a cargo de la Comisión, pero a los fines de solventar dichos gastos de operación y mantenimiento y, por otro lado, a aportes, subsidios o donaciones que pudieran recibir del estado o de terceros, teniendo como única fuente directa posible de ingresos en lo inmediato, la contribución de sus integrantes, si así lo disponen en su estatuto.

Por tanto resulta necesario encontrar fuentes alternativas de financiamiento que provean fondos de manera segura, y a la vez, generen montos que permitan una adecuada gestión de los comités.

A efecto de proceder a este análisis, se tomarán las posibles fuentes de financiamiento detectadas, efectuando con cada una, un cálculo de los montos anuales factibles a recaudar, a valores actuales (Diciembre de 2013), particularizando en cuánto le correspondería a cada COMAS de la cuenca del Tapenagá. Con el objeto de evaluar si estos fondos efectivamente permitirían una adecuada gestión a la organización, se los compara con los recursos anuales de los consorcios camineros de la cuenca, los que tienen un tipo de organización y de tareas muy similares, con la particularidad que, a Diciembre 2013 llevan más de 20 años de trabajo continuado, con buenos resultados, por lo que resultan una buena referencia acotada a la realidad en la cuenca.

El primer y obligado análisis, se basa en las partidas presupuestarias para trabajos públicos de la APA, por tratarse del organismo provincial con competencias específicas, del cual dependerán todas las instancias organizacionales para la gestión de los recursos hídricos.

De acuerdo a datos del año 2013, proporcionados por Tonzar[8], el 30% del presupuesto total del APA se destina trabajos públicos en los sistemas hídricos de las cuencas provinciales. Este monto hoy administrado en forma centralizada por el APA podría constituirse en una importante fuente de financiamiento para la estructura de gestión propuesta en esta tesis. En efecto, si consideramos las funciones asignadas a las COMAS en una organización de cuenca con planificación centralizada (Comité de Cuenca) y ejecución descentralizada (COMAS) resulta viable pensar que gran parte de las acciones que hoy realiza en la cuenca el APA puedan ser delegadas al nuevo sistema de organización de la cuenca. Solo con carácter tentativo se propone que del 30% antes señalado, el 75% conforme un fondo a gestionar a través de las COMAS para la ejecución de las medidas de acción que conformen su plan de trabajo. Ello para el año el año 2013 hubiera representado un monto de $30.712.500.

Este fondo debería ser afectado a las cuencas en función de criterios establecidos, como lineamientos de política. Solo a los fines de simplificar se propone considerar la superficie de las cuencas. Ello haría que a la Cuenca del río Tapenagá le corresponda

[8] Ingeniero Oscar Tonzar, Secretario Técnico de la Administración Provincial del Agua

(redondeando) un 5% del total del fondo, que para el caso del año 2013 ascendería a un valor de $ 1.506.282 (a razón de $308,05/Km$^2$), y a cada COMAS = $ 215.183,16.-

Una alternativa a la distribución en base a la superficie de la cuenca, puede ser la afectación de fondos en forma proporcional a la cantidad de consorcios que se podrían llegar a conformar. A este efecto, se ha hecho una estimación del total de organizaciones a nivel de la provincia. Durante la década de los 80, se conformaron en total 14 COMAS, lo que constituye un valor de referencia que mostró el comportamiento comunitario, no obstante puede estimarse que se podrían llegar a conformar una cantidad superior, habida cuenta las vivencias y expectativas recabada en los actores, descriptas anteriormente.

Las cuencas hídricas provinciales son 13 y presentan una gran variabilidad de superficies, entre las de mayor valor, la del Impenetrable con 33.220km$^2$, a la de menor valor, del río Quiá con sólo 969km$^2$. De la determinación de las 13 cuencas, realizada por la APA, se tienen: 6 cuencas que presentan las 3 subdivisiones (SA, SM, SB), 4 que tienen 2 subdivisiones (SA, SB), y 3 sin subdivisión. Tomando como hipótesis, que se conformen comisiones en la totalidad de las cuencas, y a razón de una por cada subcuenca, se tendrían:

(6 Cuencas) x (3 subcuencas) = 18 COMAS

(4 Cuencas) x (2 subcuencas) = 8 COMAS

(3 Cuencas) x (sin subcuencas) = 3 COMAS

Cuya suma arroja el valor de 29 COMAS. Este cálculo incluyó a la Cuenca del Tapenagá con 3 COMAS a razón de 1 por subcuenca, cuando realmente se ha estimado que podrían llegar a conformarse 7 COMAS en toda la cuenca, por lo que a dicho valor total se le deben adicionar estas 4 restantes, con lo cual el valor final asciende a: 33 COMAS, número que resulta mayor que el doble de las conformadas en su momento.

Tomando el fondo de financiamiento a derivar por parte de la APA, estimado para el año 2013 en $30.712.500, y se lo divide por el total de COMAS consideradas, se obtiene que cada COMAS recibiría un 3,03% del total del fondo, que para el año 2013 sería de $ 930.682 / COMAS

A efectos de aportar elementos comparativos que permitan evaluar cuanto significan estos montos para el eventual desenvolvimiento de las comisiones, se realiza una comparación con los recursos de los consorcios camineros, que tienen un tipo de trabajo muy similar al que deben realizar las COMAS, fundamentalmente movimientos de suelos y alcantarillado, con el importante agregado que, como se encuentran funcionando desde varios años y con buenos resultados, resultan una referencia muy ajustada a la realidad.

Expresó Carlos Kutnich, Administrador General de la DVP (Diario Norte, Resistencia; 22 de setiembre de 2013) que la reforma introducida por la Ley Provincial N° 7.152/12[9], asegura un financiamiento a los consorcios, estableciendo en los aportes, un piso de $120.000.000 en el año, que debe ser distribuido entre los 101 consorcios camineros existentes en la provincia.

De conformidad lo establece la ley, la distribución del fondo vial se realiza en forma proporcional a los kilómetros de conservación de cada consorcio. El total de la red caminera provincial a cargo de los consorcios es de L = 27.252,87 kilómetros

---

[9] Esta ley fue sancionada el día 5 de diciembre del año 2012, modifica la ley de creación de los Consorcios camineros, N° 3565, recortando en un 30% la asignación de los fondos.

Resulta entonces, ———————— = ———— = $4.403,21 / km.

En la cuenca del Tapenagá, tiene jurisdicción la Delegación Zona I de la DVP, en la que la extensión de caminos por consorcio es de 201,08 km; y la Delegación Zona II, en la que por consorcio atienden 270,07 km., por tanto. Con lo que reciben (en términos porcentuales por kilómetros de conservación)

Zona I 0,73%, lo que equivale para el año 2013 a $ 885.396,66

Zona II 0,99%, lo que equivale para el año 2013 a $ 1.189.173,84

Si se hace el análisis comparativo sobre la base de los recursos afectados en el año 2013, surge que la afectación de recursos a las COMAS en función de la superficie de la cuenca es sustancialmente menor que los recursos que cuentan los dos consorcios camineros que actúan en la cuenca, mejorando si se considera la afectación de recursos sobre la base del número de COMAS totales en la provincia. Dado que para la cuenca se han considerado la existencia de siete consorcios, la afectación de recursos en este caso supera a uno de los consorcios camineros: En la Tabla 7.2 se muestran los resultados obtenidos.

Tabla 7.2.Comparativo de los recursos anuales para cada organización (Valores a Diciembre 2013)

| Criterio: p/unidad de superficie a cada COMAS | Fondos por Consorcio Caminero DVP | | Criterio: Reparto proporcional a cada COMAS |
|---|---|---|---|
| $ 215.183,16 | Zona I<br>$ 885.396,66 | Zona II<br>$ 1.189.173,84 | $ 930.682 |

El criterio de reparto proporcional en función del número de COMAS, se puede considerar sobrevaluado, dado que se aceptó que en la cuenca del Tapenagá se conformarán siete consorcios, cuando en las restantes cuencas solo se aceptó como máximo uno por subcuenca, por lo que este valor podría ser superior todavía. A ello debe sumarse que la cantidad de COMAS que pueden conformarse en otras cuencas es algo que no depende de la gestión en sí, de la cuenca del Tapenagá. Por tales motivos se considera que la opción de la distribución por superficie de la cuenca es la más acertada en estas circunstancias.

Definido el monto a nivel de la cuenca, mas allá del criterio de distribución que se adopte corresponderá ahora la discusión en las instancia de gobierno de la organización propuesta, establecer los criterios con lo que se habrá de distribuir esos fondos en la distintas subcuencas y en cada una de las COMAS. Dado que estos fondos deberán ser el instrumento de financiamiento para la realización de las acciones decididas en las instancias de gestión antes descriptas, las afectaciones deberán ser dinámicas y asociadas a los programas de trabajo que se acuerden a nivel de la cuenca. Nuevamente aquí la estructura de toma de decisiones sostenida en una base de participación amplia y un esquema de planificación centralizada permitirá una afectación optima de recursos, no basadas en principio burocráticos o administrativos sino en un esquema de gestión integrada de la cuenca, donde conviven instancias jerárquicas de decisión, con mecanismos de participación y fluidos canales de diálogo entra las distintas organizaciones que conforman el sistema de gestión de la cuenca. A modo de ejemplo el proceso de decisión debiera tener en cuenta aspectos tales como regiones pluviométricas, ubicación espacial de los actores, densidad poblacional, regiones productivas, potencialidad productiva de los suelos, cuestiones éstas que necesariamente deberán ser resueltas utilizando los mecanismos de discusión y búsqueda de consenso que la GIRH propone y que necesariamente deberá contar con el consentimiento y aceptación por parte de los actores involucrados.

*7.2.2 Fuentes complementarias de financiamiento*

Mas allá de los montos señalados en la tabla 7.2 para el año 2013 para el financiamiento otorgado por el APA, se considera necesario que un análisis del financiamiento del esquema de organización de cuenca propuesto, evalúe otras fuentes complementarias. Tal como lo señala Tonzar, se optó entonces por retomar una idea que había desarrollado el APA, que plantea incorporar un adicional de un 3% sobre cada factura de luz que emita Servicios Energéticos del Chaco Empresa del Estado Provincial (SECHEEP), quien tiene establecidos rangos de facturación en base al consumo, en las Categorías: social, alumbrado público, domiciliaria, comerciales y grandes consumidores. Este valor adicional resulta de pequeña incidencia en cualquiera de los rangos de facturación, y es la idea sobre la cual había trabajado la APA, por lo que entonces, se propone aplicar dicho cargo adicional sobre un promedio de las facturaciones. El cálculo arroja, que para una facturación del año 2012 de $ 30.000.000:

($ 30.000.000) x (3%) = $ 900.000,- (monto anual a recaudar).

En cuanto a Servicios de Agua y Mantenimiento Empresa del Estado Provincial (SAMEEP), que brinda el servicio de agua y cloacas, sobre la base de las conexiones existentes, asumiendo que se logra un 70% de cobranza, valor en porcentaje que se desprende del balance del ejercicio 2012, sobre 191.731 conexiones entonces, resultan,

(191.731 conexiones) x (70% cobranza) = 134.212 conexiones cobrables

contemplando una carga adicional de $7/factura para el fondo de financiamiento, resulta,

(134.212 conexiones) x ($7/conexión) = $939.484.

resultando un monto un poco superior al que se logra con las facturas de la luz.

Debe observarse que estas alternativas de financiamiento consideradas a partir de las facturaciones de las empresas provinciales SECHEEP y SAMEEP, los valores anuales totales resultantes, deben ser distribuidos entre la totalidad de las COMAS, por algunos de los criterios de redistribución que se adopte, pero en cualquiera de los casos puede verse que resulta un monto final muy pequeño.

En el caso de la primer alternativa, debe mencionarse que durante el mes de Agosto del año 2013, SECHEEP planteó un aumento en sus facturas para cubrir costos operativos exclusivamente, con porcentajes que en promedio se ubicaban en el 5% de cada factura, lo que provocó un generalizado rechazo comunitario, con intervención del Defensor del Pueblo, llegando la misma a instancias políticas de su discusión en el recinto de la cámara de diputados de la provincia.

La empresa provincial advierte que los valores actuales que se consideran en las facturas del servicio eléctrico que emite, cuentan con un 50% de subsidio del estado nacional, por esta razón, deberán tenerse sólidas argumentaciones y un adecuado consenso comunitario, para su planteo y eventual defensa.

En el caso de SAMEEP, existe una opinión muy internalizada tanto en las esferas de los gobiernos de turno, como de la misma sociedad en general, del agua como elemento social básico fundamental, y por tanto se trata de mantenerlo fuera de cargas "extras" en los montos de las facturas, consideración que también se advierte en la nula tasa de cobro de facturas impagas (morosidad) presentada en el balance del ejercicio económico del año 2012 (SAMEEP, 2012), por lo que de igual manera, previamente a lanzarse una alternativa de este tipo, debe buscarse el adecuado consenso y respaldo comunitario.

En estos dos casos, podría ser una alternativa coyuntural, el planteo de esta carga extra en las respetivas facturas, exclusivamente a término, durante un período de tiempo determinado, luego del cual las facturas vuelvan a los valores anteriores. En este caso, este financiamiento podría ser utilizado como un aporte inicial, para una adquisición específica, como podría ser la adquisición de mobiliarios y equipamientos para oficinas, y, tanques, y batanes para agua y combustible, siempre complementario a otras fuentes.

El caso de los Comités de Cuenca de Santa Fe, plantea una interesante alternativa la misma ley de creación, que los faculta al cobro de un tributo por hectárea. En este sentido, el comité de cuenca del Departamento Castellanos–Zona Norte (CCDC-ZN), según asienta en su memoria y balance del año 2009, estableció una tasa contributiva a cobrar de $ 7,44/hectárea.año (CCDC-ZN, 2009).

Tomando ese dato, a valor histórico, para la cuenca del Tapenagá, y efectuando la siguiente hipótesis: del total de la cuenca, en el inicio se incorpora al proceso de organización sólo la mitad de la misma, con lo que resulta una superficie de,

S(50%) = (Sup. Total Cuenca) x (50%) = (488.656 has) x (50%)= 244.328ha.

Aplicándole dicha tasa, resulta

Tasa ($/ha) x Sup (ha) = $\frac{\$7,44}{\text{ha}}$ x (244.328 has) = $ 1.817.800,32 (año)

Adoptando el nivel de cobranza del 76%, en promedio, que es el valor alcanzado en la zona rural por el Comité de cuenca del Departamento Castellanos–Zona norte, resulta:

(76%) x ($ 1.817.800,32) = $ 1.381.528,24 Fondo anual para la cuenca

Comparando esta proyección de ingresos, con la alternativa del fondo fijo de obras por parte de la APA y distribuidos con el criterio de superficies ($ 1.506.282), se observa que los nuevos valores son levemente inferiores.

Hasta aquí, se ha realizado un planteo de las distintas alternativas de financiamiento, factibles, que podrían llegar a implementarse con un cálculo de montos esperables para cada una. Si bien en todos los casos se trata de fondos públicos, pertenecientes a toda la comunidad, en el caso de la afectación de los fondos de la APA para obras en los sistemas hídricos del interior, resulta una instancia más específica, a tratarse en instancias del gobierno, de la autoridad de aplicación y de los actores de cuenca. En el caso de cargas adicionales a las facturas de las empresas SAMEEP y SECHEEP, se generaliza al conjunto de la sociedad, incluyendo a todos los sectores, con lo cual, su tratamiento necesariamente debe ingresar a la consideración y aceptación de la comunidad en general, que acepte y manifieste su vocación de pago, y a la discusión política en el ámbito de la Cámara Legislativa de la provincia.

Por último el aporte de los propietarios de la tierra, es una alternativa viable, pero como todo impuesto, al aumentar la presión tributaria, si estos recursos no son bien reconducidos, redundará en una pérdida de beneficios a los productores, promoviendo un efecto contrario al inicialmente buscado.

Estas son cuestiones, cada una con sus particularidades, deben ser tenidas en cuenta al momento de adoptar alguna alternativa, evaluando el contexto social y político de la oportunidad, el grado de consenso en general que manifiesta la sociedad, los montos esperados a recaudar finalmente, y los tiempos que se calcula pueden demandar dichas gestiones.

Del análisis de las alternativas evaluadas, resulta claro que es aconsejable lograr implementar el conjunto de la mayor cantidad posible de las alternativas planteadas, de manera tal que complementándose se logre un monto para el financiamiento que les permita desarrollar adecuadamente su plan de gestión en la cuenca.

Debe tenerse en cuenta que con el desarrollo del proceso GIRH, es posible llegar a incrementar la recaudación de fondos a partir de mejorar la eficiencia en la gestión, mediante un conjunto de medidas, como por ejemplo en el caso del cobro de la tasa por unidad de superficie, a partir de una mayor incorporación de hectáreas al proceso de organización (para el cálculo se supuso inicialmente sólo el 50%), también mediante un mejoramiento en el porcentaje de cobranzas logrando un incremento de un 10% o 15%, ubicándolos como mínimo en un valor anual del 90%, y además, acordando la actualización del valor unitario de la tasa en $/ha. (para el cálculo se incorporó a valor histórico, el del año 2009 que utilizó el Comité de cuenca del Departamento Castellanos-Zona Norte, de la provincia de Santa Fe).

Otra alternativa fundamental a considerar, y de elevada importancia y potencialidad de recursos al momento de considerar el financiamiento de las COMAS, es lo establecido en el Artículo 332) del Código de Aguas, que establece que a los fines del funcionamiento de la APA, se preverá una partida específica en el presupuesto provincial de gastos y recursos, dicha partida específica deberá alcanzar un porcentaje mínimo sobre el total de dicho presupuesto. Dice la ley, que este porcentaje será propuesto por el poder ejecutivo y el poder legislativo lo sancionara mediante una ley complementaria para su incorporación en los presupuestos futuros. También expresa, que el administrador general de la APA, queda facultado para encarar y desarrollar todo tipo de gestiones tendientes al logro de recursos nacionales e internacionales para la ejecución de los planes y obras, que fueran decididos en el seno del directorio y que contaran con la aprobación del gabinete provincial.

Esta ley complementaria nunca se llegó a sancionar, lo que representa una falencia de tipo institucional con directa incidencia en el cálculo de recursos y su capacidad de gestionar y ejecutar obras. A la fecha, el presupuesto anual de la APA supera levemente un porcentaje del uno por ciento del total del presupuesto provincial. Como puede observarse, este es un aspecto clave, que se encuentra normado sin embargo no está cumplido, por tanto abre una importante posibilidad al momento de comenzar a poner en marcha el proceso de implementación de la organización de cuenca que propone esta tesis, de ir logrando los consensos generales, en la sociedad, con los actores, en los niveles políticos, y consecuentemente hacer cumplir la ley fijando un valor de porcentaje fijo en el presupuesto provincial para la APA que incorpore el financiamiento que requieren las nuevas estructuras de gestión de cuencas.

Veamos entonces cuáles deberían ser los montos presupuestarios adecuados al financiamiento, que permitan determinar el porcentaje a fijar en el presupuesto provincial. En la alternativa planteada a partir del presupuesto actual de obras de la APA para los sistemas hídricos del interior provincia, se calculó un valor unitario en función de superficie, de: \$ 308,05/km$^2$, el que, muestra valores inferiores a los que reciben los consorcios camineros, por lo que se propone efectuar el cálculo con un valor que como mínimo triplique el valor unitario, de modo de tener en cuenta una mínima actualización de costos de los valores prediales, en consecuencia se tiene:

(\$ 308,05/km$^2$) x (3) = \$ 924,75/km$^2$, redondeamos en \$ 1.000/km$^2$

y, calculando para la totalidad de las superficies de los sistemas hídricos provinciales cuyo valor es S = 99.633 $km^2$, se requieren los siguientes fondos,

$$Fondos\ necesarios = (Sup.\, sistemas\ hídricos)\ x\ (valor\ por\ unidad\ Sup)$$

$$\$\ 99.633.000 = (99.633\ km^2)\ x\ (\$\ 1.000/km^2)$$

Este valor resulta un porcentaje del 56% del monto anual actual de trabajos públicos de la APA, de $ 176.702.999,22 importe que sumado asciende a $ 276.335.999,22.-

Consultado al respecto, señala Tonzar que si tomamos ese valor y efectuamos el correspondiente cálculo, representa sobre las previsiones presupuestarias provinciales anuales, un porcentaje final del 1,84%, valor que esta tesis propone se debería incluir la pendiente ley complementaria del presupuesto provincial.

Puede observarse que en esta instancia, se lo calculó como un adicional, sin tocar las partidas propias de la APA para los trabajos públicos en las cuencas hídricas del interior, como se había planteado inicialmente en el cálculo de alternativas, y además, como mínimo se triplicó el valor a recibir por cada COMAS, la sumatoria de este conjunto de aportes presupuestarios permitiría entonces lograr los montos necesarios para un adecuado funcionamiento.

Esta particularidad, a la vez permitiría que la APA con parte de los fondos destinados a trabajos en las cuencas hídricas, que en adelante realizarían las COMAS en el marco de la estructura de gestión de cuenca propuesta, pueda efectuarles aportes extras anuales, como apoyo a los trabajos que ahora ejecutan las comisiones, como por ejemplo mediante la entrega de tractores, o algún otro equipamiento, en un plan estipulado como mínimo en 4 años, a efectos de cubrir la totalidad de las COMAS que se conformen, de manera similar al aporte que les realiza la Secretaría de Aguas de la provincia de Santa Fe, a sus Comités de cuenca.

### 7.3. Adaptación de la legislación

Como se expresara, la legislación en vigencia tanto a nivel nacional como en la provincia del Chaco otorga un adecuado marco, por lo que a efectos de implementar la organización que se plantea, sólo se requiere efectuar 2 adecuaciones a la legislación, una, un agregado al decreto reglamentario, y la otra, una modificación a la ley de aguas.

En cuanto a las que se necesitan con respecto a las fuentes de financiamiento, en cualquiera de las alternativas que finalmente se considere, sea individualmente o en conjunto, necesariamente se debe recurrir al dictado de una ley nueva, en todos los casos.

Con respecto a las dos adecuaciones a la legislación, la primera de ellas, a efectos de la organización base que constituye el eje central del modelo propuesto, que son las COMAS, se debe efectuar un agregado al Decreto N° 1290 - Reglamentario de las COMAS, en el Capítulo V. De las Autoridades (que se extiende entre los artículos 30 a 38), de dos nuevos artículos, creando por uno de ellos, la Junta de Fiscalización y Seguimiento, y por el otro, la Junta Asesora, en ambos, de conformidad a lo que persiguen los lineamientos expuestos en la presente propuesta. No requieren ninguna otra modificación o adaptación de la legislación, de ningún tipo.

Atento que se trata sólo de la modificación de un Decreto, debe hacerse por medio de otro Decreto, de conformidad lo establece la Constitución de la provincia, lo que es un trámite que se realiza exclusivamente en el ámbito del poder ejecutivo, requiriéndose a tal efecto, la firma del Gobernador de la provincia y como mínimo, de uno de los ministros del gabinete.

Esto es un aspecto importante a destacar por cuanto no requieren trámites parlamentarios, y consecuentemente los plazos y tiempos que demanda este tipo de trámite son relativamente rápidos; en este sentido, sólo se deben cumplir secuencias de tipo administrativas.

La segunda de las modificaciones a efectuar, se debe hacer en la Ley N° 3230 – Código de Aguas, pero precisamente al Artículo 330), el que fuera modificado oportunamente por la Ley 4255, en el año 1996, a partir del cual se crean los Comités de Cuenca Hídrica.

Pero en esta instancia, se trata de una ampliación al concepto de Comité de cuenca allí expresado, a efectos de incorporar la figura de los Subcomités de cuenca, que necesariamente debe ser taxativa en la ley, ya que se trata en el modelo propuesto, de una instancia de articulación interinstitucional, clave para desarrollar procesos de gestión integrada.

En esta ampliación al Artículo 330) se deben incorporar las funciones, lineamientos e integración, descriptos en la propuesta, ya que por ejemplo, debe establecer la participación de los diversos organismos del estado provincial, en la Junta de Organismos, que tiene entre sus funciones, la aprobación de los planes de trabajo y presupuestos.

En este caso, se trata de la modificación de una ley, y por tanto requiere discusión y trámite parlamentario, y además, como se trata de la reforma del Código de Aguas, se requiere la aprobación por las 2/3 partes de los legisladores, razón por la cual, se debe contar con adecuado consenso comunitario que se traslade al voto de los legisladores, y por otro lado, necesariamente se requieren mayores tiempos en términos generales.

No obstante al respecto, debe señalarse la clara oportunidad que se presenta, por cuanto este tema tiene una apreciable demanda comunitaria, apoyada por todos los sectores políticos sin mayores cuestionamientos. También en esta instancia, es un elemento favorable, el hecho que no se trata de una modificación profunda o conceptual al artículo, que pudiera generar diferencias de criterios o apreciaciones, sino que se trata de una ampliación al mismo, incorporando la instancia intermedia de los subcomités de cuenca.

Estos son aspectos favorables, que deben ser tenidos en cuenta y debidamente comunicados al conjunto de la sociedad, y de la estructura política de los bloques parlamentarios, en el momento que se realicen las gestiones correspondientes, con el objeto de evitar inconvenientes o fracasos en su instrumentación.

Con relación al financiamiento de las COMAS. Este aspecto surge a primera vista como el de mayor complicación en su tramitación parlamentaria, no porque haya oposiciones al respecto, porque como se comentara, existe un apreciable consenso comunitario generalizado de lograr la organización de cuenca para la gestión de los recursos hídricos, del cual se hacen eco todos los bloques parlamentarios, sin embargo, las diferencias de criterios pueden plantearse en las alternativas y porcentajes de cobro que se planteen, cuestión que es muy sensible por estos tiempos en las discusiones políticas, que por ejemplo se manifestara en el caso comentado del intento del incremento de un 5% en la facturación de SECHEEP.

Por tanto, como estrategia para la implementación, es recomendable que desde el inicio del proceso, se proceda a comunicar suficientemente a la sociedad en general, a los actores en particular y sus instituciones, instalando el debate en el seno del ámbito parlamentario, e ir generando el ambiente propicio para su eventual tratamiento en el recinto legislativo.

### 7.4 . Principales hallazgos

En este capítulo se han señalado cuatro elementos a los que responde el esquema de organización propuesto: encuadrarse en un marco normativo, definir con claridad roles y responsabilidades, asegurar la participación y garantizar el financiamiento.

El modelo de organización propuesto, se basa en las experiencias desarrolladas en la provincia del Chaco y recupera lecciones aprendidas, tanto en lo que hace a la puesta en funcionamiento de las COMAS; y las razones de su fracaso, como de la legislación disponible en la provincia que resulta un marco facilitador de importancia para la propuesta de modelo de gestión que aquí se hace

La identificación de actores y el análisis social CLIP desarrollados en el capítulo 5, proporcionan elementos sustantivos para concebir un modelo de organización que responda a las premisas señaladas en primer párrafo y responda a las particularidades que el sistema socio productivo y el entorno físico de la cuenca del río Tapenagá presenta.

La aplicación de los conceptos de la GIRH particularmente en lo que hace a los esquemas de toma de decisiones, mecanismos de participación y canales de comunicación, permitió diseñar un esquema de organización, piramidal, con un esquema de retroalimentación entre la base de la pirámides (las COMAS), el nivel intermedio (los Subcomités de cuenca) y el vértice (Comité de cuenca),

Se han establecido para cada uno de los niveles una clara definición de roles y responsabilidades, definiendo en cada uno de ellos las funciones que le son propias.

Se ha destacado el rol de las COMAS como instancia de participación de la comunidad a través de sus actores representativos, ámbito de discusión, identificación de necesidades y planteo de requerimientos en una instancia de gestión "abajo – arriba". Esas mismas COMAS, serán depositaria de un rol ejecutivo descentralizados en las instancias de aplicación de la tomas de decisiones y esquemas de planificación llevados a cabo en el Comité de Cuenca.

Se ha profundizado el análisis de los aspectos financieros, claves para la sostenibilidad del modelo de gestión propuesto, evaluando distintas alternativas de financiamiento con la determinación de montos posibles a obtener sobre la base del año 2013, que permitan un adecuado funcionamiento de la estructura de gestión propuesta. Se valora asimismo que dichas fuentes son perfectamente complementarias entre sí, y pueden darse simultáneamente incrementando de esta manera los montos factibles de obtener. Se ha establecido un diagnóstico preciso de las brechas que hoy existen respecto de un estándar propuesto para el adecuado manejo de las medidas estructurales y no estructurales que se deben llevar adelante en la cuenca.

Por último, el análisis de la normativa vigente, permite ver un grado de adaptación de la legislación actual a la propuesta de gestión formulada. Las modificaciones necesarias han sido señaladas como instancias a cumplir al momento de la implementación del nuevo modelo de gestión de la cuenca.

# 8. IMPLEMENTACIÓN

## 8.1. Marco general

La implementación y sustentabilidad del modelo de organización propuesto, se fundamenta en la efectiva implementación de procesos de gestión integrada para el desarrollo eficiente, equitativo y sostenible de los recursos hídricos de la Cuenca del Río Tapenagá.

En este contexto, para el manejo y la gestión de los recursos hídricos en una cuenca, sostienen Jiménez et al (2011), es fundamental evitar que se caiga en un proceso desordenado, antojadizo, u ocurrente, para lo cual, se requiere contar con un buen plan de manejo o plan de gestión, elaborado y concertado con los actores clave. Este, pasa a convertirse en el instrumento que define el "puerto de destino del barco", o el "aeropuerto de llegada del avión", es decir, establece la ruta para la implementación del manejo del recurso en la cuenca.

Señalan, que la planificación consiste en ordenar, prever y preparar una serie de procesos y actividades para lograr una meta o un objetivo. La práctica actual sobre elaboración de planes de gestión de cuencas, trata de proveer un instrumento directriz, práctico, comprensible y sustentado en la viabilidad de actividades para promover su implementación, aspecto éste, de fundamental importancia para contrarrestar experiencias pasadas en las que muchos planes de manejo, sólo quedan en el papel, o duermen en bibliotecas.

En cuanto al período de planificación, Benegas y León (2009) sostienen que en general, se requiere un tiempo mínimo de entre 3 a 5 años para lograr resultados y comenzar a percibir evidencias de impactos positivos en el manejo de las cuencas, dependiendo de las condiciones locales y de los objetivos perseguidos. Razones por lo cual recomiendan ubicar el período de planificación, como mínimo, entre 5 a 10 años.

Sostienen Benegas y León (2009) que como criterio inicial para priorizar las áreas de intervención, las subcuencas se presentan como la unidad adecuada en función a que reúne sus intereses particulares como territorios "geográficos-organizativos", y dependiendo del tipo de sistemas, es conveniente también identificar dentro de éstas, áreas menores o microcuencas, para el inicio del proceso, de manera de trabajar progresivamente escalando hacia las áreas mayores. En el caso de la cuenca en estudio, estas menores áreas para el inicio del proceso, se materializan en las respectivas COMAS dentro de cada subcuenca.

En términos generales, señalan, los criterios que se plantean para definir áreas de intervención son los siguientes: generalmente, los municipios involucrados en las cuencas, priorizan estrategias de abastecimiento de agua para consumo humano, y gestión para prevención de riesgo en enfermedades de origen hídrico; a mayor nivel de escala, las Subcuencas, plantean criterios de control de inundaciones y de manejo y provisión de agua con fines productivos fundamentalmente; y a nivel de cuencas la implementación de programas o proyectos de desarrollo o de tipo productivo.

En cuanto a la organización, como a la gestión para la implementación, Jiménez et al (2011) sostienen que son importantes y deben estar explícitos en el plan de gestión, los siguientes procesos:

1. Socialización, conocimiento y empoderamiento del plan de gestión: Etapa mediante la cual el proceso se inicia dándole profusa difusión, promoviendo la participación de los actores, iniciando su conocimiento, con la interacción de los mismos. Este proceso debe

ser de carácter sostenido desde el inicio de la ejecución del plan de manejo en cuenca, el que debe ir acompañado de comunicación e información en forma continua, esto es fundamental. Esta socialización debe ser previa, oportuna y transparente para la perspectiva de los actores, utilizando los medios y las circunstancias adecuadas a los diferentes tipos de actores.

2. Abordaje de los actores clave, y acompañamiento para la organización: Paralelamente al inicio de actividades, es importante desarrollar un proceso de abordaje, acompañamiento y colaboración hacia los actores, impulsando la organización y empoderamiento de los mismos.

3. Fortalecimiento de capacidades: La capacitación y el fortalecimiento de la capacidad de gestión a todos los niveles y a los diferentes tipos de actores, es una actividad que se considera fundamental, en la cual, los temas y modalidades deben surgir y definirse de manera participativa. Entre las temáticas clave a desarrollar estarán incluidas: organización; tecnologías y prácticas; formulación y gestión de proyectos; comunicación y difusión de experiencias; y, gestión de recursos.

4. Ordenamiento y priorización de inversiones. Los actores deben conocer adecuadamente, el proceso de la toma de decisiones en qué invertir, cuándo y por qué. Estas decisiones deben ser ordenadas de acuerdo a necesidades, prioridades u oportunidades. Los actores deben estar familiarizados con el uso de estas técnicas, procurando la aplicación de los conceptos de: valorar la rentabilidad, beneficios tangibles e inmediatos, y, de la sostenibilidad.

5. Acciones operativas, procesos demostrativos, aprendizajes. Es el proceso mediante el cual se realizan, acciones demostrativas, directas, e indirectas. Una de las formas convencionales de inicio de la implementación del plan de gestión, es mediante acciones

demostrativas o pilotos, a efectos de presentar resultados, demostrar métodos y compartir experiencias. Los criterios de selección y la aplicación de prácticas en las cuencas merecen un detenido análisis físico, económico, social y ambiental. La selección de sitio y modalidades merece un cuidadoso análisis, en el que deben participar los mismos actores.

6. Difusión de experiencias y multiplicación de resultados: Se refiere al escalamiento de los avances y resultados, involucrando a los propios actores para que ellos puedan compartir con los interesados y motivarlos a implementar nuevas áreas de trabajo u orientarlos para que apliquen las alternativas tecnológicas y prácticas de manejo hídrico en la cuenca.

Estos procesos, interrelacionados entre sí, tienen una secuencia lógica para su desarrollo en el horizonte temporal. A efectos de visualizar este aspecto, se presenta la Tabla 8.1, en el que mediante un cronograma de barras, se muestra la sucesión de los procesos, su distribución en el tiempo y el grado de intensidad que cada uno demanda

Tabla 8.1. Relación temporal de los procesos para la implementación de la gestión

| Tiempos / Procesos | Horizonte temporal | | | | |
|---|---|---|---|---|---|
| | Inmediato | Corto plazo | Mediano plazo | Largo plazo | Sostenible |
| 1. Socialización | | | | | |
| 2. Organización | | | | | |
| 3. Fortalecimiento Capacidades | | | | | |
| 4. Inversiones | | | | | |
| 5. Acciones Operativas | | | | | |
| 6. Multiplicación Resultados | | | | | |

Actividad intensa    Actividad Semipermanente

Fuente: Jiménez, et al (2011)

Advierten Jiménez, et al (2011) , que cada uno de estos procesos tiene su valor y consideración en la implementación, por lo tanto, deben dimensionarse los esfuerzos para llevarlos a cabo en una forma ordenada, sistemática, secuencial y encadenada, ya que por ejemplo, no es posible iniciar el proceso general si no hay una buena comunicación con los actores (socialización); no se puede implementar actividad alguna sin la debida organización o consolidar el proceso de organización sin el fortalecimiento de capacidades.

Señalan que en la etapa de implementación, adquieren importancia, los procesos de: a) Socialización, b) Organización, y c) Fortalecimiento de capacidades, por cuanto constituyen lo que se denomina la etapa de abordaje.

En el proceso de socialización, advierte, debe tenerse en cuenta que la visión de los actores sociales en términos generales, suele tener diferencias con la visión que tienen los actores políticos, diferencias que incluso pueden apreciarse dentro de cada grupo de actores, dependiendo de sus actividades, de sus intereses (productivos, económicos, personales), de sus necesidades de recursos, y, de su ubicación en la cuenca, y por tanto son características que debe ser tenidas en cuenta en el desarrollo del proceso de socialización.

Para la implementación del proceso, sostienen, hay que identificar el interés de los actores locales, de los grupos u organizaciones que puedan llegar a tener motivaciones por temas específicos, de tal manera que de lograr identificar los intereses comunes y colectivos, es decir aquellos que los afectan de manera común, o, que ellos reconocen que solamente de manera conjunta podrán solucionar sus problemas o aprovechar las oportunidades.

Sin embargo, señala, esta consideración no es fácil de desarrollar porque se necesita la existencia de una conciencia y espíritu de relación colectiva, elementos que en muchas de nuestras comunidades resulta difícil de establecer, razón por la cual este proceso requiere desarrollo en todo el horizonte temporal.

Señalan Jiménez et al. (2011) que contar con una adecuada organización es indispensable para la implementación del manejo y gestión hídrica de la cuenca, a fin de lograr la participación de la sociedad civil, principalmente aquella ligada a las actividades de uso y aprovechamiento del recurso en las distintas unidades e instancias de producción, pero también de aquellos actores que no están directamente en el sector productivo, como es el caso por ejemplo, de los servicios de agua potable. A partir de dicha instancia adecuada de organización, lograr el empoderamiento de los actores, se transforma en la llave que abre las puertas para el éxito en la gestión.

En cuanto al fortalecimiento de capacidades, señala, es un proceso conducente al desarrollo y formación de capital humano, así como de su capacidad de gestión. Es el intercambio de conocimientos, información y tecnología que permite a las comunidades y a la sociedad, crecer y desarrollarse de manera sostenible.

El fortalecimiento de capacidades, sostiene, desarrolla y fortalece a la sociedad, instituciones, organizaciones e individuos de la cuenca para analizar situaciones, resolver problemas, establecer y alcanzar objetivos. El aprendizaje social combina información y conocimiento, empoderamiento y motivación para cambiar actitudes. Estos pasos son fundamentales para la creación de un enfoque centrado en las personas, en la sociedad, para enfrentar el desafío de apropiación local, empoderamiento, organización, de participación con responsabilidad, compartir el conocimiento, mejoramiento de habilidades, destrezas, capacidades y actitudes, aprendizaje social y la comprensión mutua.

Por tanto, señalan, está íntimamente ligado a la gestión del conocimiento, en este caso, sobre manejo y gestión hídrica en la cuenca. Esto requiere la motivación y el desarrollo de los activos intelectuales de las comunidades, de las organizaciones, de los gobiernos locales, de las instituciones, del sector privado, con el objetivo de transformar el conocimiento acumulado, en valor y beneficios tangibles para la sociedad y los ecosistemas de la cuenca.

### 8.2. Medidas de implementación

Como se señalara, el éxito del modelo de organización propuesto en esta tesis, se fundamenta en que efectivamente se logre implementar un proceso GIRH en la cuenca, para lo cual se deben desarrollar planes de manejo del recurso que prioricen áreas de intervención y planes de gestión, cuya fundamentación y lineamientos generales se presentaron en el punto anterior, los que constituyen etapas posteriores a la presente.

No obstante, y atento la importancia que adquiere el proceso inicial en la cuenca, considerando las particularidades vividas de las experiencias fallidas anteriores, se presentan una serie de medidas prácticas y concretas, para iniciar el proceso de implementación en la cuenca, tales que logren poner en marcha el proceso a desarrollar.

Se recomienda comenzar con una etapa de difusión y de conocimiento de la sociedad en general, y a los de la cuenca en particular, previa al inicio efectivo del proceso de socialización. En esta etapa se debe dar información de la legislación específica que promueve la organización de los actores de la cuenca, del modelo adoptado, de los objetivos que se persiguen, y de los siguientes pasos a dar, consistentes en charlas y reuniones con pobladores en general y las organizaciones de la cuenca, fijando fechas, horas y lugares.

Tiempo mínimo de esta etapa: 30 días. Medios de difusión: durante esta etapa, una publicación semanal en los medios gráficos (diarios) de alcance regional y de mayor circulación a nivel provincial (ejemplo, diarios de Resistencia: Diario Norte y Diario Primera Línea); comunicación en las radios de largo alcance (Frecuencia AM) que cubren la cuenca: Radio Nacional Resistencia, para cuenca baja y media, y Radio LT16 Esmeralda de Saenz Peña, para la parte superior de la cuenca media y la cuenca alta; difusión televisiva, en los canales de aire: Canal 9 de Resistencia, y el Canal estatal Chaco TV, de televisión abierta cuyas señales se reciben en toda la cuenca; difusión en Radios FM de las distintas localidades de la cuenca; redes sociales (por ejemplo: Facebook y Twitter) con la debida comunicación de sus respectivas direcciones (incluidas en las publicidades que se realicen por los otros medios), abriendo blogs o instancias de comunicación, preguntas y sugerencias, con operadores de dichas cuentas que interactúen en línea, o en forma inmediata.

Las difusiones consistirán en anuncios de estilo corto y concreto, identificando la cuenca del Tapenagá, y las regiones o localidades que la integran, pero también se deberán incluir reportajes específicos, tanto a funcionarios del orden provincial con injerencia, a funcionarios municipales, dirigentes caracterizados o reconocidos, directores de escuelas rurales, y predominantemente, a quienes actuarán como promotores.

Para la etapa siguiente, la que da inicio efectivo al proceso de socialización, se deberá seguir una Estrategia espacial de abordaje en la cuenca, por cada subcuenca y en forma simultánea, y deberá preverse incluso, la posibilidad de subdivisiones en cada una atendiendo a cuestiones de conformación de grupos, o distancias. Preferentemente, deberán realizarse reuniones en distintos lugares tratando de cubrir toda la superficie de la subcuenca. Las convocatorias se realizarán en ciudades, pueblos, escuelas rurales, consorcios camineros, cooperativas, colonia aborigen, no descartando la alternativa en la zona rural, de la casa de algún productor o poblador de la cuenca, según lo ameriten las circunstancias.

El organismo promotor, la APA, deberá preparar folletería explicativa, de los objetivos que se persiguen, del modelo de organización, así como copias de toda la legislación específica, material que deberá ser entregado en las mismas reuniones, abriendo comentarios o debates al respecto.

En el avance del proceso, durante estas reuniones, se deberá promover la presencia de referentes de las otras subcuencas que se encuentran en el mismo proceso organizativo, a efectos que comenten sus experiencias y avances, por un lado, como un impulso motivador adicional, y por otro lado, para fomentar el mutuo conocimiento entre los actores de la cuenca, y al inicio de los contactos personales entre subcuencas. En esta instancia inicial, el organismo promotor deberá colaborar activamente, poniendo a disposición medios de movilidad, así como afrontar gastos de combustible y choferes.

La duración de este proceso, se ajustará en función a las circunstancias locales y del momento, tal como accesibilidad, difusión, y transitabilidad de caminos. Atendiendo a la extensión de las subcuencas, se recomienda un tiempo mínimo de 2 meses.

Los restantes puntos del proceso que se señala en la Tabla 8.1, trascienden la etapa de implementación, y de conformidad a los conceptos de gestión integrada, deberán ser desarrollados a partir de sus propios actores en el marco de la estructura de organización que propone esta tesis, y de acuerdo a la metodología señalada por Jiménez et al. (2011), es por ello que no son desarrollados aquí.

### 8.3. Principales hallazgos del capítulo.

En este punto se menciona como contribución de esta tesis, la enumeración y descripción de los procesos necesarios para la implementación efectiva de un plan de gestión de los recursos en la cuenca, su relación secuencia y temporal, así como un listado de medidas concretas, en las que se detallan medios, formas y tiempos. Cuestiones éstas, que se constituyen en instancias fundamentales, para la sostenibilidad del proceso.

# 9. CONCLUSIONES Y RECOMENDACIONES

## 9.1. Conclusiones

Se ha elaborado una propuesta de organización de actores en la cuenca, que presenta la particularidad de incorporar instancias para el desarrollo de procesos GIRH, aprovechando el ambiente propicio existente, tanto en el contexto de los mismos actores, como en el marco legal vigente, el cual requiere a este efecto, sólo adecuaciones de carácter complementario.

Se presenta como un instrumento de gestión para la cuenca muy asimilado a las costumbres culturales de los actores, donde desde su activa participación, se rescata su demostrada capacidad de gestión y su permanente compromiso comunitario, definiéndose claramente los roles institucionales en todas las instancias de la organización.

Se ha logrado armonizar los intereses y la dinámica de las poblaciones, con las condiciones y la dinámica del entorno donde habitan, su cuenca hidrográfica, conformando las organizaciones políticas de los actores, en correspondencia con cada una de las subcuencas que integran la cuenca del río Tapenagá.

La identificación de actores y el análisis social CLIP, proporcionaron elementos sustantivos para concebir el modelo de organización que responde a las premisas que promueve la GIRH, esto es: marco normativo, roles instituciones, mecanismos de participación y recursos financieros, compatibilizado a las particularidades que presenta el sistema socio productivo, y el entorno físico, de la cuenca del río Tapenagá.

El marco legal e institucional de la provincia del Chaco, permite y favorece la implementación modelos de organización para procesos de tipo GIRH, aspecto que es apreciable desde el espíritu expresado en la Constitución, hasta la organización institucional que establece el Código de Aguas, e incluso el mismo decreto reglamentario de las COMAS, el cual sólo requiere a este efecto algunas modificaciones de tipo complementarias.

La aplicación de los conceptos de la GIRH, particularmente en lo que hace a los esquemas de toma de decisiones, mecanismos de participación y canales de comunicación, permitió diseñar una estructura de organización piramidal, con un esquema de retroalimentación entre la base de la pirámides (las COMAS), el nivel intermedio (los Subcomités de cuenca), y el vértice (Comité de cuenca). Se han establecido para cada uno de los niveles, una clara definición de roles y responsabilidades, definiendo en cada uno de ellos las funciones que le son propias.

La organización de base se constituye mediante las COMAS, las que se encuentran integradas exclusivamente por los pobladores de la cuenca. Es una instancia ejecutiva, de implementación, administrada y gestionada por los propios actores.

Se les ha incorporado a su conformación original, la constitución de una Junta de Fiscalización y Seguimiento, con el objeto del control ante eventuales desviaciones o distorsiones respecto de las pautas aprobadas para su desempeño, y, una Junta Asesora, integrada por representantes de organismos estatales, de investigación aplicada, y universidades, con el objeto de orientar y colaborar en la preparación y ejecución de proyectos.

Se han incorporado cargos a ser ocupados exclusivamente por mujeres, como medidas concretas para promover la equidad de género en la gestión hídrica en la cuenca. También, se ha previsto un cargo para representante de la comunidad aborigen en el caso donde se verifica su presencia en la cuenca, quedando establecida orgánicamente su constitución en el caso de producirse en adelante, el establecimiento de alguna comunidad aborigen en cualquier sector de la cuenca.

Las COMAS que integran una misma subcuenca hídrica, se agrupan en segunda instancia de organización, conformando los Subcomités de cuenca, los que se conforman con instituciones y organizaciones. Estos subcomités, constituyen una instancia de articulación interinstitucional, en la que se integran todas las acciones o programas de los distintos sectores, actores de la cuenca, tanto del sector público estatal, privado, o de la comunidad civil.

En el Subcomité de Cuenca Baja se incorpora al representante de la Comuna de Florencia, de la Provincia de Santa Fe, lográndose de esta forma tener representados los actores de la parte final de la subcuenca baja que pertenecen a otra jurisdicción política, en forma directa y rápida, lo cual no necesita acuerdo interprovincial, independientemente que éste finalmente se logre.

A su vez, los Subcomités (de cuenca alta, de cuenca media, y de cuenca baja), conforman el Comité de Cuenca Hídrica del río Tapenagá, que es la instancia superior de coordinación entre los subcomités, y de aprobación de los planes de trabajo y presupuestos anuales.

Se han diseñado alternativas de financiamiento que proveen un piso mínimo operativo para las COMAS, así como otras posibilidades externas al sector como fuentes de fondos, todas las cuales necesariamente deben ser complementarias.

El modelo desarrollado cubre un viejo reclamo comunitario, y de diversos organismos del estado provincial, muy particularmente del Ministerio de la producción por cuanto se encuentra desarrollando proyectos productivos sobre la base del manejo de las cuencas hídricas para el aprovechamiento combinado del agua superficial y subterránea, en cuyo contexto, la organización de los actores se constituye en un elemento fundamental a ese efecto.

El trabajo realizado de diálogo y consulta previa a los actores ha proporcionado importantes elementos que sirvieron de base para la elaboración del modelo de organización, por lo que resulta una herramienta que debe ser utilizada en el proceso de implementación.

## 9.2. Recomendaciones

A efectos de la implementación del modelo de organización, se deben seguir los seis procesos detallados en el capítulo 8, y su secuencia, así como su relación temporal, particularmente para la etapa inicial de abordaje, siendo recomendable plantear un horizonte de planificación inicial de T = 10 años.

En dicho capítulo se presentan una serie de recomendaciones, necesarias a los efectos de su adecuada difusión y conocimiento por parte de la comunidad en general, remarcándose la importancia en este sentido, de no apurar los tiempos de implementación ya que cuanto más y mejor se conozca y difunda sobre el contenido del proceso en marcha, otorga mayor transparencia y por tanto, credibilidad ante los actores.

Resulta fundamental trabajar desde los sectores comunitarios en general, para lograr los consensos políticos que lleven finalmente a la sanción de la ley complementaria de la ley de presupuesto de gastos de la provincia, en la que se fije el porcentaje global de incidencia para la APA, por cuanto de esta forma se lograría por un lado, una mejor posibilidad operativa del organismo, que resulta sumamente necesario para el adecuado asesoramiento y supervisión a las COMAS, y por otro, y fundamentalmente, porque lograría un aceptable nivel de financiamiento, en particular, para las organizaciones de la cuenca del Tapenagá.

En este sentido, se debe aprovechar la oportunidad que se presenta para realizar las necesarias adaptaciones a efectuar a la legislación, detalladas en el Capítulo 7 (Punto 7.4), por cuanto las mismas no conllevan elementos conflictivos y presuponen acuerdos unánimes, de mucho consenso comunitario, siendo en consecuencia una adecuada instancia para instalar el debate sobre la ley complementaria presupuestaria.

Con relación al modelo desarrollado, queda abierta la continuidad de las investigaciones en la determinación de los límites de jurisdicción entre las COMAS, evaluando en cada subcuenca, la posibilidad de agregar la creación de alguna nueva, o por el contrario, proceder a la unificación entre dos ellas, incorporando para ello en el análisis criterios sociológicos, ligados a las modalidades de producción y comercialización, por cuanto en este sentido, influyen las prácticas y costumbres de los actores, y la proximidad de rutas y caminos que conecten a ciudades o localidades. Este aspecto adquiere importancia, atento que las subdivisorias de aguas (internas) son de escasa magnitud absoluta, y normalmente quedan superadas como tal por el trazado de alguna vía de comunicación, por lo cual las definiciones al respecto necesariamente requieren avanzar en la investigación integrada con cuestiones vinculadas a la dinámica social.

En esta misma línea, queda planteada la posibilidad de avanzar sobre la particularidad que se presenta en la parte final de la subcuenca baja, en el tramo de descarga, donde geográficamente se ingresa en territorio Santafesino, es decir, otra jurisdicción política-administrativa, incorporando necesariamente ramas del derecho, legales, administrativas, y contables, en una instancia que, en la continuación de la presente propuesta que permite la coordinación Interjurisdiccional en el nivel del Subcomité de Cuenca, permita avanzar en las otras cuestiones vinculadas a la instancia ejecutiva del nivel de las COMAS, tales como compatibilizar interjurisdiccionalmente el cumplimiento de las resoluciones acordadas, aplicar sanciones, intervenir en la resolución de conflictos, procedimientos para el pago de canon o multas, cuestiones en las que para su tratamiento, necesariamente deberán participar instancias gubernamentales de ambas provincias.

Otra línea de investigación a ser profundizada, es la relativa al financiamiento de las COMAS mediante el cobro de tasas o canon por saneamiento, para proponer criterios que establezcan la forma de cobro a las parcelas de acuerdo a su ubicación relativa respecto a las obras, a la proximidad a los colectores, lo que lleva implícito el concepto de "superficies de saneamiento", e integrando a la vez, en forma complementaria, metodologías y criterios para el cobro de tasas o canon, por aprovechamiento, toma de agua con fines productivos y riego.

En esta misma línea, incorporar discusión de los criterios a aplicar para el cobro de canon por vertido de efluentes a los colectores, en función de caudales, grado de contaminación (aguas y suelos), afectación ambiental, imposibilidad de uso, tiempos y gastos para su saneamiento.

## 10. REFERENCIAS BIBLIOGRAFICAS


ANDER-EGG, E. (2003). Repensando la Investigación-Acción-Participativa. 4ta. Edición. Editorial Lumen Hvmanitas. Buenos Aires. Colección Política, Servicios y Trabajo Social. 129 pp.

APA. (2010). ADMINISTRACION PROVINCIAL DEL AGUA. Anuario de precipitaciones. Provincia del Chaco. Período: 1956-2010. Dirección de Estudios Básicos. 81 pp.

BAREIRO, L. R.; CURRIE, H. M.; RODRIGUEZ, A. F. y RUBERTO, A. R. (2004). Evaluación del impacto ambiental. Saneamiento hídrico y desarrollo productivo de la línea Tapenagá. Informe final. Secretaría de agricultura, ganadería, pesca y alimentos. Programa de Servicios Agropecuarios Provinciales. PROSAP. Argentina.

BENEGAS, L. y LEON, J. (2009). Criterios para priorizar áreas de intervención en cuencas hidrográficas. La experiencia del programa Focuencas II. ASDI. CATIE. Costa Rica. División de Investigación y Desarrollo. Serie Técnica. Informe técnico N° 378. 53 pp.

BRUNIARD, E. D. (1978) El gran Chaco Argentino. Ensayo de interpretación geográfica. Geográfica. Revista del Instituto de Geografía. Facultad de Humanidades. Universidad Nacional del Nordeste. Vol. 4: 9–38.

CAFFERATTA, J. (2009). Organismos de cuenca en Argentina. Secretaría de Ambiente y Desarrollo Sustentable de la Nación. Argentina. (Citado el 12 de Junio de 2013). Disponible en: http://www.ambiente.gov.ar/archivos/web/Ppnud08/file/ORGANISMOS%20DE%20CUENCA%20EN%20ARGENTINA.pdf

CCDC-ZN. (2009). COMITÉ DE CUENCA DEPARTAMENTO CASTELLANOS-ZONA NORTE. Provincia de Santa Fe. Información contable. Memoria y balance general Año 2009. (Citado el 20 de Junio de 2013). Disponible en: http://www.comitedecuenca.com.ar

CD. (2012). CAMARA DE DIPUTADOS DE LA PROVINCIA DEL CHACO. Consulta de legislación. (Citado el 10 de Julio de 2012). Disponible en: http://www2.legislaturachaco.gov.ar

CEPAL. (2003). COMISION ECONOMICA PARA AMERICA LATINA Y EL CARIBE. Red de Cooperación en la Gestión Integral de Recursos Hídricos para el desarrollo sustentable en América Latina y El Caribe. Carta circular 18. Santiago de Chile. Disponible en: http://www.eclac.cl/drni

CEPAL. (2004). COMISION ECONOMICA PARA AMERICA LATINA Y EL CARIBE. Progresos en América latina y El Caribe en materia de implementación de las recomendaciones contenidas en el capítulo 18 del programa 21 sobre gestión integral de los recursos hídricos. LC/G.1917/E. (1996). Santiago de Chile. Disponible en: http://www.eclac.cl/drni

CHEVALIER, J. y BUCKLES, D. (2006). Análisis social CLIP. En: Guía para la investigación, la planificación y la Evaluación Participativas. El sistema de análisis social (SAS), en línea. Disponible en: http://www.sas2.net

CICOS. (2012). COMISION INTERNACIONAL DE LA CUENCA DEL CONGO-UBANGHI-SANGHA. (Citado el 14 de Setiembre de 2012). Disponible en: http://www.cicos.info/siteweb

COHIFE. (2003). CONSEJO HIDRICO FEDERAL. Principios Rectores de Política Hídrica de la República Argentina. Acuerdo Federal del Agua. Buenos Aires.

COHIFE. (2013). CONSEJO HIDRICO FEDERAL. Comités de Cuenca. (Citado el 15 de Marzo de 2013). Disponible en: http://www.cohife.org.ar/ComiteCuenca.html

CONES. (2012). CONSEJO ECONOMICO Y SOCIAL DE LA PROVINCIA DEL CHACO. Cooperativas Algodoneras Chaqueñas: Análisis económico, social y organizacional de sus factores internos y externos. CONES. UCAL. Unidad Ejecutora. 79 pp. Disponible en: http://www.coneschaco.org.ar

DC. (2012). DIRECCION DE COOPERATIVAS DEL CHACO. (Citado el 19 de Setiembre de 2012). Disponible en: http://dircoopchaco.blogspot.com.ar

DdeSF. (2012). CAMARA DE DIPUTADOS DE SANTA FE. Búsqueda de leyes. (Citado el 22 de Setiembre de 2012). Disponible en: http://www.diputadossantafe.gov.ar

DEPETTRIS, C. A.; SCORNIK, C. O.; BRUNSWIG, H. M.; PATIÑO, C. A.; CANO, E. O.; ROHRMANN, H. R.; MARTINEZ, L. H.; PEYRANO, J. E.; BERNAL, J.; ALVAREDO, L. N.; FLORES, A. A. y RUBERTO, A. R. (1995). Plan director para la línea Tapenagá. Bajos Submeridionales. Ministerio del Interior. Subunidad Central de Coordinación para la Emergencia. SUCCE. Tomo I. Resistencia. Argentina.

DOUROJEANNI, A. C. (2000). Procedimientos de gestión para el desarrollo sustentable. División de Recursos Naturales e Infraestructura. CEPAL. Manuales. Serie 10. Santiago de Chile. 372 pp.

DOUROJEANNI, A. C. y JOURAVLEV, A. (2001). Crisis de gobernabilidad en la gestión del agua. División de Recursos Naturales e Infraestructura. CEPAL. Manuales. Serie 35. Santiago de Chile.

DOUROJEANNI, A. C.; JOURAVLEV, A. y CHAVEZ, G. (2002). Gestión del agua a nivel de cuencas: teoría y práctica. CEPAL. Santiago de Chile. LC/L.1777-P. Serie Recursos Naturales e Infraestructura N° 47.

DOUROJEANNI, A. C. (2004). Si sabemos tanto sobre que hacer en materia de gestión integrada del agua y de cuencas ¿Porqué no lo podemos hacer? Seminario "Gestión Integral de Cuencas: teoría y práctica". Secretaría de Medio Ambiente y Recursos Naturales. México D.F.

DOUROJEANNI, A. C. (2009). Los desafíos de la gestión integrada de cuencas y recursos hídricos en américa latina y el caribe. DELOS. Santiago de Chile. Revista Desarrollo Local Sostenible. Vol 3. N° 8. 13 pp.

DPJ. (2012) DIRECCION DE LAS PERSONAS JURIDICAS DEL CHACO. (Citado el 15 de Diciembre de 2012). Disponible en: http://www.chaco.gov.ar/MinisteriodeGobierno/GBNO/dpj/dpjindex.htm

DVP. (2012). DIRECCION DE VIALIDAD PROVINCIAL. Delegaciones. Consorcios Camineros. (Citado el 13 de Setiembre de 2012). Disponible en: http://www.vialidadchaco.net/home/delegaciones.php

EMBID IRUJO, A. y MATHUS ESCORIHUELA, M. (2010). Organismos de cuenca en España y Argentina: organización, competencias y financiación. 1ª. Edición. Editorial Dunken. Buenos Aires. Argentina. 548pp.

EUROPA (2012). Síntesis de la legislación de la Unión Europea. Directiva Marco sobre el Agua. (Citado el 14 de Setiembre de 2012). Disponible en: http://europa.eu/legislation_summaries/agriculture/enviroment/L28002b_es.htm

FALKENMARK, M. (2003). Water management and Ecosystems: Living with Changes. Global Water Partnership. TEC N° 9 Stockholm. SE

FAUSTINO M., J; JIMENEZ O., F y CAMPOS, J. J. (2006). Bases conceptuales de la cogestión adaptativa de cuencas hidrográficas. ASDI. CATIE. Programa Focuencas. 20pp.

FERREIRA, C. G. (1998). Evolución de los Comités de Cuenca en la Provincia de Santa Fe (Argentina). Simposio Internacional sobre Gestión de los Recursos Hídricos. Gramado. Río Grande Do Sul. Brasil. 5 al 8 de Octubre de 1998.

GARDUÑO, H. (2003). Argentina (Provincia de Mendoza). Administración de derechos de agua. Experiencias, asuntos relevantes y lineamientos. Garduño con los aportes de M. Cantú-Suarez; P. Jaeger; J. Reta y A. M. Vidal. Organización de las Naciones Unidas para la agricultura y la alimentación (FAO). Estudio legislativo N° 81. Roma. Disponible en: http://www.fao.org/docrep/006/y5062s/y5062s00.htm

GENTES, I. (2008). Gobernanza, gobernabilidad e institucionalidad para la gestión de cuencas. Estado del arte. En: Benegas N., L. y Faustino M., J. (Eds). Memoria del Seminario Internacional "Cogestión de cuencas hidrográficas: experiencias y desafíos". ASDI. CATIE. Costa Rica. Serie Técnica. Reuniones Técnicas N° 13. pp. 27-36.

GWP. (2000). GLOBAL WATER PARTNERSHIP. Manejo integrado de recursos hídricos. Committee Technical Advisory. Estocolmo. Suecia. Background Paper N° 4. 80pp.

GWP. (2003). GLOBAL WATER PARTNERSHIP. Gobernabilidad Efectiva del Agua. Acción a través de Asociaciones en Sudamérica. CEPAL. SAMTAC. Santiago de Chile. 42 pp.

GWP. (2005). GLOBAL WATER PARTNERSHIP. Estimulando el cambio: Un manual para el desarrollo de estrategias de gestión integrada de recursos hídricos (GIRH) y de optimización del agua. Comité Técnico. Ministerio de Asuntos Exteriores de Noruega. Estocolmo. Suecia. 52 pp.

GWP. (2009). GLOBAL WATER PARTNERSHIP. Manual para la Gestión Integrada de los Recursos Hídricos en Cuencas. Estocolmo. Suecia. 110pp.

ICE. (2012). INSTITUTO COSTARRICENSE DE ELECTRICIDAD. Institucional. (Citado el 20 de Setiembre de 2012). Disponible en: http://www.grupoice.com/esp/ele/manejo_cuencas/penas.html

INDEC. (2012). INSTITUTO NACIONAL DE ESTADISTICAS Y CENSOS. Censo de población y viviendas. (Citado el 26 de Julio de 2012). Disponible en: http://www.indec.mecon.ar

IRIONDO, M. (2000). Características de la cuenca de aporte. En: Paoli, C. y Schreider, M. (eds.). El Río Paraná en su tramo medio. Contribución al conocimiento y prácticas ingenieriles en un gran río de llanura. Universidad Nacional del Litoral. Santa Fe. Argentina. Tomo I - pp.29-52.

JIMENEZ O., F. (2008). Fortalecimiento de capacidades y formación de recursos humanos para la gestión de cuencas hidrográficas. En: Benegas N., L. y Faustino M., J. (eds.). Memoria del Seminario Internacional "Cogestión de cuencas hidrográficas: experiencias y desafíos". ASDI. CATIE. Costa Rica. Serie Técnica. Reuniones Técnicas N° 13. pp. 82-96.

JIMENEZ O., F.; FAUSTINO M., J; y BENEGAS N., L. (2011). Implementación del manejo y gestión de cuencas hidrográficas. En: Curso internacional a distancia, virtual y en línea, de Especialización en "Manejo y Gestión integral de cuencas hidrográficas". CATIE. Turrialba. Costa Rica.

LESAGENCESDELEAU (2012). Establecimientos públicos del Ministerio de Desarrollo Sostenible. (Citado el 20 de Setiembre de 2012). Disponible en: http://www.lesagencesdeleau.fr

MAG. (1987) MINISTERIO DE AGRICULTURA Y GANADERIA DE LA PROVINCIA DE SANTA FE. Comités de Cuenca. Un programa de participación comunitaria para el ordenamiento hídrico. Santa Fe. Dirección General de Agrohidrología e Hidráulica. Área Comités de Cuenca. 29 pp.

MAGyP. (2012). MINISTERIO DE AGRICULTURA, GANADERIA y PESCA. Presidencia de la Nación. INTA. Programa de asistencia para el mejoramiento de la calidad de la fibra de algodón. Parque desmotador de la República Argentina. Buenos aires.

MANSILLA, G. (2010). Gestión integrada de Recursos Hídricos. Los casos de Brasil, España, Francia, México y Argentina. En: Isuani, F. (ed.) Política pública y gestión del agua. Aportes para un debate necesario. Universidad Nacional de General Sarmiento. Prometeo Libros. Buenos Aires. Segunda parte. pp.197–259.

MARRE, M. E. (2010). El agua no es suficiente. Irrigación y administración del agua, una descentralización que retrocede. 1ra. Edición. Editorial EON Argentina. pp.229-273.

MECyT. (2012). MINISTERIO DE EDUCACION, CIENCIA Y TECNOLOGIA DE LA PROVINCIA DEL CHACO. (Citado el 10 de Octubre de 2012). Disponible en: http://portal1.chaco.gov.ar/ministerio-de-educacion-ciencia-y-tecnologia

MIySP. (2012). MINISTERIO DE INFRAESTRUCTURA Y SERVICIOS PUBLICOS DE LA PROVINCIA DEL CHACO. (Citado el 10 de Octubre de 2012). Disponible en: http://portal1.chaco.gov.ar/ministerio-de-infraestructura-y-servicios-publicos

MP.DA. (2012). MINISTERIO DE LA PRODUCCION DE LA PROVINCIA DEL CHACO. DIRECCION DEL ALGODÓN. (Citado el 11 de Noviembre de 2012). Disponible en: http://direccionalgodon.blogspot.com.ar

MP.DATyA. (2012). MINISTERIO DE LA PRODUCCION DE LA PROVINCIA DEL CHACO. DIRECCION DE APOYO TERRITORIAL Y AGENCIAS. (Citado el 11 de Noviembre de 2012). Disponible en: http://produccion.chaco.gov.ar

MP.DB. (2013). MINISTERIO DE LA PRODUCCION DE LA PROVINCIA DEL CHACO. DIRECCION DE BOSQUES. (Citado el 7 de Noviembre de 2013). Disponible en: http://direcciondebosques.blogspot.com.ar

MP.DPAG. (2012). MINISTERIO DE LA PRODUCCION DE LA PROVINCIA DEL CHACO. DIRECCION DE PRODUCCION ANIMAL Y GRANJA. (Citado el 27 de Agosto de 2012). Disponible en: http://produccion.chaco.gov.ar

OSTROM, E. (1995). Diseños complejos para manejos complejos. En: Hanna, S. y Munasinghe, M. (eds.). Property Rights and the Environment Social and Ecological Issues. The Beijer Internation Institute and The World Bank. Washington, EUA. (Citado el 15 de octubre de 2012). Disponible en http://www.eumed.net/cursecon/textos/Ostrom-complejos.htm

PARIS, M. (2008). GIRH, Conceptos y principios. En: Introducción a la Gestión Integrada de los Recursos Hídricos. Curso formación básica. Maestría en Gestión Integrada de los Recursos Hídricos. Universidad Nacional del Litoral. FICH. Santa Fe. Mayo de 2008.

PASCUCHI, J. (2003). La gestión de los recursos hídricos. Los comités de cuenca hídrica. Consejo Argentino para las Relaciones Internacionales. CARI. (Citado el 24 de Junio de 2013). Disponible en: http://www.cari.org.ar/pdf/pascuchi.pdf

POCHAT, V. (2005). Entidades de gestión de agua a nivel de cuencas. Experiencia Argentina. División de Recursos Naturales e Infraestructura. CEPAL. Santiago de Chile. Serie 96.

POCHAT, V. (2008). Principios de gestión integrada de recursos hídricos. Bases para el desarrollo de planes nacionales. Global Water Partnership. Estocolmo. Suecia. 52 pp.

PRINS, C. y KAMMEBAUER, H. (2009). Análisis y abordaje de conflictos en cogestión de cuencas y recursos hídricos. CATIE. Turrialba. Costa Rica. Serie técnica. Boletín técnico N° 39.

PROSAP. (2012). PROGRAMA DE LOS SERVICIOS AGROPECUARIOS PROVINCIALES. Ministerio de Agricultura, Ganadería y Pesca. (Citado el 15 de Enero de 2012). Disponible en: http://www.prosap.gov.ar

RIETBERGEN-McCRACKEN, J. y NARAYAN, D. (1998). Participation and Social Assessment: Tools and Techniques. The International Bank of Reconstruction and Development/The World Bank. Washington, DC. U.S.A.

RIOC. (2012). RED INTERNACIONAL DE ORGANISMOS DE CUENCAS. (Citado el 22 de Setiembre de 2012). Disponible en: http://www.inbo-news.org/spip.php?sommaire&lang=es

RODRIGUEZ, F.; CASTIGLIONI, G.; MAIHLOS, V. y SOSA, L. A. R. (2004). Diagnóstico socioeconómico y cultural de la colonia aborigen Chaco. Plan de desarrollo indígena. PDI. Secretaría de Agricultura, Ganadería, Pesca y Alimentos. Programa de Servicios Agropecuarios Provinciales. PROSAP. Argentina.

SALAMANCA, C. (2007). Mapa antropológico de la Colonia aborigen Chaco. Plan de Desarrollo Indígena. PDI. Ministerio de la Producción de la Provincia del Chaco. PROSAP. Saneamiento hídrico y desarrollo productivo de la línea Tapenagá.

SAMEEP (2012). SERVICIO DE AGUA Y MANTENIMIENTO EMPRESA DEL ESTADO PROVINCIAL. Estado contable Año 2012. (Citado el 15 de Octubre de 2013). Disponible en http://www.chaco.gov.ar/sameep/index.php

SEGURA RAMOS, D. A. (2010). Análisis de algunos componentes de la gestión del recurso hídrico en la subcuenca del Río Gatuncillo, cuenca del canal de Panamá. Tesis de Magister Scientae. CATIE. Escuela de Posgrado. Turrialba. Costa Rica. 256 pp.

SIIA. (2012). SISTEMA INTEGRADO DE INFORMACION AGROPECUARIA. Ministerio de Agricultura, Ganadería y Pesca. Argentina. Estadísticas agropecuarias. (Citado el 20 de Octubre de 2012). Disponible en: http://www.siia.gov.ar

SRH. (2012). SUBSECRETARIA DE RECURSOS HIDRICOS. Sistema Nacional de Información hídrica. Base de datos hidrológica integrada. (Citado el 10 de Diciembre de 2012). Disponible en: http://www.hidricosargentina.gov.ar/sistema_sistema.php

SOLORZANO B., C.; MEJIA M., I y OBREGON C., S. (2009). El enfoque de género en la gestión y manejo de cuencas hidrográficas. El caso de la subcuenca Aguas Calientes, Nicaragua. ASDI. Centro Agronómico Tropical de Investigación y Enseñanza. CATIE. Turrialba. Costa Rica. Serie técnica. Informe técnico N° 379. 40pp.

URRUTIA, A. (2004). Identificación de los actores claves para el manejo integrado de las subcuencas de los ríos Los Hules, Tinajones y Caño Quebrado. Primera aproximación. Academy for Educational Development. United States Agency International Development.

VALENZUELA, C. (2005). Transformaciones y conflictos en el agro chaqueño durante los 90. Articulaciones territoriales de una nueva realidad productiva. Revista Mundo Agrario. Vol. 5. N° 10. primer semestre. Universidad Nacional de La Plata. Facultad de Humanidades y Ciencias de la Educación. Centro de Estudios históricos rurales. pp.34.

VALIENTE, M. (2004). Evaluación de áreas de riesgo. Informe final. Proyecto de Saneamiento Hídrico y Desarrollo Productivo de la Línea Tapenagá. Programa de Servicios Agropecuarios Provinciales. PROSAP. Resistencia.

WOLANSKY, S. (2009). Género y Agua. En: Agua y Sociedad. Curso formación básica. Maestría en Gestión Integrada de los Recursos Hídricos. Universidad Nacional del Litoral. FICH. Santa Fe. Octubre de 2009.

# ANEXO I. ACTORES ENTREVISTADOS

## Resumen de las entrevistas realizadas

| Sector | Actividad | entrevistados |
|---|---|---|
| Productores | Agricultura/Ganadería/ Mixta/Forestal | 8 |
| Ejecutores del proyecto de saneamiento hídrico | Coordinadores/Responsables/ Consultores/Promotores | 5 |
| Plan Desarrollo Indígena | Responsable del plan | 1 |
| Ministerio de la Producción | Funcionario de conducción Directores orgánicos | 3 |
| Administración Provincial del Agua | Funcionarios de conducción Directores orgánicos Profesionales | 9 |
| Dirección de Vialidad Provincial | Ingeniero Jefe | 1 |
| Cooperativas Algodoneras | Integrantes Directorio | 2 |
| Consorcios camineros | Consorcistas | 3 |
| Iglesias | Asistentes | 2 |
| Municipios | Intendentes | 2 |
| Consejos municipales | Concejales | 2 |
| I.D.A.Ch. | Presidenta | 1 |
| Consorcios Prod. Serv. Rurales | Presidente | 1 |
| Escuelas Rurales | Maestros | 2 |
| **Total** | | **42** |

Entrevistas realizadas: PRODUCTORES.

| Apellido y nombre | Bracone, Roberto Orlando |
|---|---|
| Departamento Catastral | Comandante Fernández |
| Ubicación | Circunscripción X / Chacra 156 - Parcela 1 |
| Actividad | Productor agropecuario |
| Dedicación | Agricultura |
| Lugar habitual de residencia | Su vivienda en el campo |
| Apellido y nombre | Pavlinovic, José Emiliano |
| Departamento Catastral | Quitilipi |
| Ubicación | Circunscripción XIV / Chacra 57 |
| Actividad | Productor agropecuario |
| Dedicación | Agricultura |
| Lugar habitual de residencia | Su vivienda en el campo |
| Apellido y nombre | Argüello, Cornelio |
| Departamento Catastral | 25 de Mayo |
| Ubicación | Circunscripción XXII / Chacra 96 - Parcela 2 |
| Actividad | Productor agropecuario |
| Dedicación | Ganadería |
| Lugar habitual de residencia | Su vivienda en el campo |
| Apellido y nombre | Fernández, Atilio |
| Departamento Catastral | Tapenagá |
| Ubicación | Circunscripción III / Parcela 14 |
| Actividad | Productor agropecuario |
| Dedicación | Ganadería |
| Lugar habitual de residencia | Su vivienda en el campo |
| Apellido y nombre | Santos Caric, Fernando Drago |
| Departamento Catastral | Comandante Fernández |
| Ubicación | Circunscripción XIII / Chacra 19 |
| Actividad | Productor agropecuario |
| Dedicación | Mixta (Agricultura/Ganadería) |
| Lugar habitual de residencia | Su vivienda en el campo |

| Apellido y nombre | Mónaca, Oscar |
|---|---|
| Departamento Catastral | 25 de Mayo |
| Ubicación | Circunscripción XXII / Chacra 96 - Parcela 1 |
| Actividad | Productor agropecuario |
| Dedicación | Mixta (Agricultura/Ganadería) |
| Lugar habitual de residencia | Su vivienda en el campo |
| Apellido y nombre | Streharsky, Miguel Andrés |
| Departamento Catastral | Independencia |
| Ubicación | Circunscripción XIII / Chacra 49 |
| Actividad | Productor agropecuario |
| Dedicación | Forestal |
| Lugar habitual de residencia | Su vivienda en el campo |

| Apellido y nombre | Pitra, Ernesto |
|---|---|
| Departamento Catastral | Independencia |
| Ubicación | Circunscripción IV / Parcela 67 |
| Actividad | Productor agropecuario |
| Dedicación | Forestal/Mixta |
| Lugar habitual de residencia | Su vivienda en el campo |

Entrevistas realizadas: Actores del proyecto de Saneamiento Hídrico

| Apellido y nombre | Urturi, Adolfo A. |
|---|---|
| Organismo | Subunidad Provincial de Desarrollo Agropecuario |
| Ubicación | Casa de Gobierno - Resistencia |
| Cargo | Ingeniero Coordinador de la ejecución de Obras |
| Período | Todo el tiempo de la obra |
| Observaciones | También se desempeñaba como Secretario Técnico de la APA |

| Apellido y nombre | Totaro, Jorge |
|---|---|
| Organismo | Entidad Provincial de Desarrollo Agropecuario |
| Ubicación | Casa de Gobierno - Resistencia |
| Cargo | Contador Responsable sector inversiones de las Obras |
| Período | Todo el tiempo de la obra |

| | |
|---|---|
| Observaciones | Trabajaba coordinadamente con el Ministerio de la Producción |
| Apellido y nombre | Copetti, Guido A. |
| Organismo | SUPCE / Entidad Provincial de Desarrollo Agropecuario |
| Ubicación | Casa de Gobierno - Resistencia |
| Cargo | Ingeniero Agrónomo Promotor Técnico en cuenca |
| Período | Todo el tiempo de la obra |
| Observaciones | Innovación en técnicas productivas |
| Apellido y nombre | Ruberto, Alejandro |
| Organismo | SUPCE / Entidad Provincial de Desarrollo Agropecuario |
| Ubicación | Casa de Gobierno - Resistencia |
| Cargo | Ingeniero Ambientalista<br>Consultor en Evaluación hídrica y ambiental |
| Período | Todo el tiempo de la obra |
| Observaciones | Trabajaba coordinadamente con el Ministerio de la Producción |
| Apellido y nombre | Ocampo, Julio |
| Organismo | SUPCE / Entidad Provincial de Desarrollo Agropecuario |
| Ubicación | Casa de Gobierno - Resistencia |
| Cargo | Secretario general/encargado de la coordinación institucional y del archivo de documentación contractual e informes |
| Período | Todo el tiempo de la obra |
| Observaciones | Trabajaba coordinadamente con el Ministerio de la Producción |

Entrevistas realizadas: Plan de Desarrollo Indígena

| Apellido y nombre | Salamanca, Carlos |
|---|---|
| Plan | Plan de Desarrollo Indígena |
| Programa | Programa de saneamiento y desarrollo productivo de la cuenca del Tapenagá - PROSAP |
| Actividad | Responsable del Plan |
| Observaciones | Doctor en antropología – Investigador del CONICET. Contratado por la Unidad provincial del programa. Entrevistado en oficinas del Ministerio de la Producción |
| Período | Todo el tiempo de ejecución del PDI |

Entrevistas realizadas: MINISTERIO DE LA PRODUCCIÓN

| Apellido y nombre | Baluk, Pablo |
|---|---|
| Organismo | Ministerio de la Producción |
| Ubicación | Casa de Gobierno - Resistencia |
| Cargo | Subsecretario de Agricultura |
| Período | 2012 - 2015 |
| Formación universitaria | Ingeniero Agrónomo |
| Apellido y nombre | Parera, Juan Carlos |
| Organismo | Ministerio de la Producción |
| Ubicación | Casa de Gobierno - Resistencia |
| Cargo | Director de Aguas y Suelo Rural |
| Período | Cargo de carrera |
| Formación universitaria | Magister/Licenciado en Edafología |

| Apellido y nombre | Vilchez, Aníbal |
|---|---|
| Organismo | Ministerio de la Producción |
| Ubicación | Casa de Gobierno - Resistencia |
| Cargo | Director (a/c) de Agencias |
| Período | Cargo de carrera |
| Formación personal | Ingeniero Agrónomo |

Entrevistas realizadas: ADMINISTRACIÓN PROVINCIAL DEL AGUA

| Apellido y nombre | Magnano, María Cristina |
|---|---|
| Organismo | Administración Provincial del Agua |
| Ubicación | Ruta N. Avellaneda Km. 12,5 – Ciudad de Resistencia |
| Cargo | Presidente (Arquitecta) |
| Período | 2009-2011 / 2012-2015 |
| Observaciones | Organismo de aplicación del Código de Aguas |

| Apellido y nombre | Tonzar, Oscar L. |
|---|---|
| Organismo | Administración Provincial del Agua |
| Ubicación | Ruta N. Avellaneda Km. 12,5 - Resistencia |
| Cargo | Secretario Técnico (Ingeniero) |
| Período | 2009-2011 / 2012-2015 |

| | |
|---|---|
| Observaciones | Organismo de aplicación del Código de Aguas |
| Apellido y nombre | Rohrmann, Hugo R. |
| Organismo | Administración Provincial del Agua |
| Ubicación | Ruta N. Avellaneda Km. 12,5 - Resistencia |
| Cargo | Ingeniero en Recursos Hídricos<br>Director de Estudios Hídricos |
| Período | Cargo de carrera |
| Observaciones | Al momento de las obras: Presidente de la APA |
| Apellido y nombre | Parvanoff, Héctor A. |
| Organismo | Administración Provincial del Agua |
| Ubicación | Ruta N. Avellaneda Km. 12,5 - Resistencia |
| Cargo | Licenciado en Administración Rural Director de Areas Rurales |
| Período | Cargo de carrera |
| Observaciones | Al momento de las obras, ejerció funciones como Responsable de la organización de las COMAS |
| Apellido y nombre | Zisuela, Francisco |
| Organismo | Administración Provincial del Agua |
| Ubicación | Ruta N. Avellaneda Km. 12,5 - Resistencia |
| Cargo | Ingeniero Hidráulico. Director de Ejecución de Obras |
| Período | Cargo de carrera |
| Observaciones | Al momento de las obras, ejerció el cargo de Inspector de Obra, de los Tramos 1, 2 y 3 |
| Apellido y nombre | Peyrano, Jorge |
| Organismo | Administración Provincial del Agua |
| Ubicación | Ruta N. Avellaneda Km. 12,5 - Resistencia |
| Cargo | Ingeniero Hidráulico<br>Profesional del organismo |
| Período | Cargo de carrera |
| Observaciones | Al momento de las obras, ejerció funciones como Inspector de Obras del Tramo 4 |
| Apellido y nombre | Schaller, José O. |
| Organismo | Administración Provincial del Agua |
| Ubicación | Ruta N. Avellaneda Km. 12,5 - Resistencia |
| Cargo | Agrimensor. Profesional del organismo |

| Período | Cargo de carrera |
|---|---|
| Observaciones | Al momento de las obras, ejerció el cargo de Responsable de los trámites de mensuras y documentaciones para las expropiaciones de los terrenos afectados |
| Apellido y nombre | Comini, Marcos L. |
| Organismo | Administración Provincial del Agua |
| Ubicación | Ruta N. Avellaneda Km. 12,5 - Resistencia |
| Cargo | Ingeniero en Vías Comunicación. Profesional del organismo |
| Período | Cargo de carrera |
| Observaciones | Al momento de las obras, ejerció funciones como Inspector de obras complementarias para provisión de agua |
| Apellido y nombre | Vera, Delia S. |
| Organismo | Administración Provincial del Agua |
| Ubicación | Ruta N. Avellaneda Km. 12,5 - Resistencia |
| Cargo | Geóloga / Responsable Sector Aguas Subterráneas |
| Período | Cargo de carrera |
| Observaciones | Al momento de las obras, ejerció el cargo de Supervisora en trabajos de construcción de Pozos excavados y ejecución de perforaciones |

Entrevistas realizadas: Dirección de Vialidad Provincial

| Apellido y nombre | Varela, Hugo Alberto |
|---|---|
| Organización | Dirección de Vialidad Provincial |
| Ubicación | Sede Central - Ruta Nac. N° 11 y acceso a Resistencia |
| Cargo | Ingeniero Jefe |
| Período | 2012 - 2015 |
| Referencia | Responsable del desarrollo técnico del organismo |

Entrevistas realizadas: Directivos de Cooperativas

| Apellido y nombre | Glock, Eugenio Adolfo |
|---|---|
| Departamento Catastral | Comandante Fernández |
| Ubicación | Circunscripción XII / Chacra 18 |
| Actividad | Integrante directorio Cooperativa La Unión Limitada – Saenz Peña |

| | |
|---|---|
| Dedicación | Agropecuaria / Algodonera |
| Lugar habitual de residencia | Su vivienda en el campo |
| Apellido y nombre | Plaja, Armando Luis |
| Departamento Catastral | Quitilipi |
| Ubicación | Circunscripción XIV / Chacra 62 |
| Actividad | Integrante directorio Cooperativa Unión y Trabajo Limitada – Quitilipi |
| Dedicación | Agropecuaria / Algodonera |
| Lugar habitual de residencia | Su vivienda en el campo |

Entrevistas realizadas: CONSORCIOS CAMINEROS

| Apellido y nombre | Vanioff, Nadia Olga |
|---|---|
| Departamento Catastral | Comandante Fernández |
| Ubicación | Circunscripción XXIV -Chacra 15– Parcela 9 |
| Consorcio Caminero | C.C. N° 51 - Bajo Hondo Grande |
| Actividad | Consorcista |
| Ubicación en la cuenca | Subcuenca Alta (SA) |
| Apellido y nombre | Chaná, Albino |
| Departamento Catastral | 25 de Mayo |
| Ubicación | Circunscripción XIX - Parcela 32 |
| Consorcio Caminero | C.C. N° 77 - Colonia Aborigen |
| Actividad | Presidente |
| Ubicación en la cuenca | Subcuenca Media (SM) |
| Apellido y nombre | Ferreyra, Santos Marciano |
| Departamento Catastral | San Fernando |
| Ubicación | Circunscripción XVI - Parcela 9 |
| Consorcio Caminero | C.C. N° 37 - Tacuarí Oeste |
| Actividad | Consorcista |
| Ubicación en la cuenca | Subcuenca Baja (SB) |

Entrevistas realizadas. Integrantes de Iglesias rurales

| Apellido y nombre | Pavicich, Vicente |
|---|---|
| Departamento Catastral | Quitilipi |
| Ubicación | Cincunscripción XVII - Chacra 36 |
| Actividad | Concurrente Iglesia rural |
| Religión | Evangélica |
| Lugar habitual de residencia | Su vivienda en el campo |

| Apellido y nombre | López, Julio |
|---|---|
| Departamento Catastral | 25 de Mayo |
| Ubicación | Cincunscripción XXIV - Chacra 15 – Parcela 9 |
| Actividad | Concurrente Iglesia rural |
| Religión | Católica |
| Lugar habitual de residencia | Su vivienda en el campo |

Entrevistas realizadas: Intendentes y Concejales

| Apellido y nombre | Vega, Héctor Justino |
|---|---|
| Municipalidad | Machagai (1ra. Categoría) |
| Ubicación | Calle San Martín s/n |
| Cargo | Intendente |
| Bloque político | Frente Chaco merece más / PJ |
| Período | 2012 - 2015 |

| Apellido y nombre | Rostan, Ignacio |
|---|---|
| Municipalidad | Basail (3ra. Categoría) |
| Ubicación | Sobre acceso desde Ruta Nac.11 |
| Cargo | Intendente |
| Bloque político | Frente Chaco merece más / PJ |
| Período | 2012 - 2015 |

| Apellido y nombre | Martínez, Héctor |
|---|---|
| Municipalidad | Presidencia Roque Saenz Peña |
| Ubicación | Intersección Calles: M. Moreno y Superiora Palmira |
| Cargo | Concejal |
| Bloque político | Frente de todos / UCR |
| Período | 2012 - 2015 |

| Apellido y nombre | Ayala, Roberto |
|---|---|
| Municipalidad | Presidencia Roque Saenz Peña |
| Ubicación | Intersección Calles: M. Moreno y Superiora Palmira |
| Cargo | Concejal |
| Bloque político | Frente Chaco merece más / PJ |
| Período | 2012 - 2015 |

Entrevistas realizadas: INSTITUTO DEL ABORIGEN CHAQUEÑO

| Apellido y nombre | Charole, Andrea A. |
|---|---|
| Organización | Instituto del Aborigen Chaqueño |
| Ubicación | Calle A. Frondizi 89 / Resistencia |
| Cargo | Presidente del Directorio |
| Período | 2012 - 2015 |
| Observaciones | Durante la entrevista ingresaron los vocales del directorio, escuchando la misma, pero no queriendo integrarse como entrevistados |

Entrevistas realizadas: Asociación de Consorcios Productivos de Servicios Rurales

| Apellido y nombre | Villar, Rubén |
|---|---|
| Departamento Catastral | Comandante Fernández |
| Ubicación | Calle San Martín s/n. Presidencia R. Saenz Peña |
| Organización | Asociación de Consorcios Productivos de Servicios Rurales |
| Cargo | Presidente |

Entrevistas realizadas: Directores de Escuelas rurales

| Apellido y nombre | Carrizo, José Humberto |
|---|---|
| Departamento Catastral | Comandante Fernández |
| Ubicación | Escuela rural Colonia Bajo Hondo |
| Modalidad | Doble turno. Ofrecen desayuno y almuerzo a los chicos |
| Actividad | Director, con grados a cargo |
| Ubicación en la cuenca | Sector medio de la SA |

| Apellido y nombre | Báez, Roque Albino |
|---|---|
| Departamento Catastral | 25 de Mayo |
| Ubicación | Escuela rural Colonia El Aguará |
| Modalidad | Doble turno. Ofrecen desayuno y almuerzo a los chicos |
| Actividad | Director a cargo, con grados a cargo |
| Ubicación en la cuenca | Subcuenca Media |

## ANEXO II. COOPERATIVAS AGROPECUARIAS

1. Cooperativa La Unión Limitada, de Presidencia R. Saenz Peña
2. Cooperativa Agropecuaria El Progreso, de Presidencia R. Saenz Peña
3. Cooperativa Agropecuaria de Presidencia R. Saenz Peña Limitada
4. Cooperativa Unión y Trabajo Limitada, de Quitilipi
5. Cooperativa Agropecuaria, de Machagai
6. Cooperativa Agrícola Limitada, de Presidencia de La Plaza

1. Cooperativa La Unión Limitada, de Presidencia R. Saenz Peña

Cooperativa La Unión Limitada
domicilio: Comandante Fernández 902 – Presidencia Roque Saenz Peña
código postal: 3700 - email: cooplaunion@arnet.com.ar
Matrícula industrial: N° 680 - CUIT: 30-50144824-5
fecha de inscripción: 04 de Octubre de 1.937 - antigüedad: 76 años
actividad: Agropecuaria / algodonera
productos: servicio de desmote
mercado: local / provincial
capacidad productiva máxima: 15 tn/día
total desmotado campaña 2011/12: 388 tn
distribución: empresa / terceros

Fuente: (CONES, 2012); (DC, 2012)

2. Cooperativa Agropecuaria El Progreso, de Presidencia R. Saenz Peña

Cooperativa Agropecuaria El Progreso
domicilio: John Kennedy y 8 de Febrero – Presidencia Roque Saenz Peña
código postal: 3700 - email: coopelprogreso@arnetbiz.com.ar
teléfono: 0364 - 4425747
representante: Fogar, Alfredo
Matrícula industrial: N° 181 - CUIT: 30-50168392-9
fecha de inscripción: 18 de Agosto de 1.930 - antigüedad: 83 años
actividad: Agropecuaria / algodonera
productos: servicio de desmote
mercado: local / provincial
capacidad productiva máxima: 50 tn/día
total desmotado campaña 2011/12: 10.000 tn
distribución: no tiene

Fuente: (CONES, 2012); (DC, 2012)

3. Cooperativa Agropecuaria de Presidencia R. Saenz Peña Limitada

| Cooperativa Agropecuaria de Presidencia R. Saenz Peña Limitada |
|---|
| domicilio: Sargento Cabral 46 – Presidencia Roque Saenz Peña |
| código postal: 3700 - email: anascosaenzp@hotmail.com |
| teléfono: 0364 – 4420239 / 4426660 |
| representante: Añasco, Pedro / Med. Vet. Fernández, Eduardo |
| Matrícula industrial: N° 107 - CUIT: 30-50104653-8 |
| fecha de inscripción: 28 de Diciembre de 1.988 - antigüedad: 25 años |
| actividad: Agropecuaria / algodonera |
| productos: servicio de desmote / fibra de algodón / semillas / fibrilla / alimentos balanceados / aceite de soja / biodiesel |
| mercado: local / provincial / nacional |
| capacidad productiva máxima: 200 tn/día |
| total desmotado campaña 2011/12: 1.650 tn |
| distribución: empresa |

Fuente: (CONES, 2012); (DC, 2012)

4. Cooperativa Unión y Trabajo Limitada, de Quitilipi

| Cooperativa Agropecuaria Unión y trabajo Limitada |
|---|
| domicilio: Santiago del Estero 315 – Quitilipi |
| código postal: 3530 - email: roxabi@yahoo.com .ar |
| teléfono: 0364 – 4622597 / 4621166 |
| representante: Tisiotti, Carlos M. |
| Matrícula industrial: N° 853 - CUIT: 30-50185647-5 |
| fecha de inscripción: 23 de Septiembre de 1.940 - antigüedad: 73 años |
| actividad: Agropecuaria / algodonera |
| productos: servicio de desmote / fibra de algodón / semillas / fibrilla |
| mercado: local / provincial |
| capacidad productiva máxima: 90 tn/día |
| total desmotado campaña 2011/12: 616 tn |
| distribución: empresa / terceros |

Fuente: (CONES, 2012); (DC, 2012)

5. Cooperativa Agropecuaria, de Machagai

Cooperativa Agropecuaria Limitada
domicilio: Suipacha s/nº – Machagai
código postal: 3534
teléfono: 0364 – 4622597 / 4621166
Matrícula industrial: Nº 328 - CUIT: 30-50181577-9
fecha de inscripción: 25 de Julio de 1.932 - antigüedad: 81 años
actividad: Agropecuaria / algodonera
productos: servicio de desmote / fibra de algodón / semillas / fibrilla
mercado: local / provincial
capacidad productiva máxima: 80 tn/día
total desmotado campaña 2011/12: 600 tn
distribución: empresa / terceros

Fuente: (CONES, 2012); (DC, 2012)

6. Cooperativa Agrícola Limitada, de Presidencia de La Plaza

Cooperativa Unión y progreso Agrícola Limitada
domicilio: Martín Farías 502 – Presidencia de La Plaza
código postal: 3536 - email: coopunionyprogreso@arnet.com.ar
teléfono: 03734 – 4420022
representante: Pérez, Alberto
Matrícula industrial: Nº 801 - CUIT: 30-52670224-3
fecha de inscripción: 24 de Octubre de 1.939 - antigüedad: 74 años
actividad: Agropecuaria / algodonera
productos: servicio de desmote / fibra de algodón / semillas / forraje
mercado: local / provincial
capacidad productiva máxima: 30 tn/día
total desmotado campaña 2011/12: 1.061 tn
distribución: empresa / terceros

Fuente: (CONES, 2012); (DC, 2012)

# ANEXO III. CONSORCIOS CAMINEROS

**Consorcios camineros en la cuenca: denominación y número, extensión de la red vial a su cargo y nombre de su presidente.**

| Nombre del CC | Número | Extensión vial (km) | Presidente |
|---|---|---|---|
| Basail | 38 | 279,43 | Néstor Hulet |
| Tacuarí oeste | 37 | 163,60 | Félix A. Fantín |
| Cote Lai | 44 | 156,50 | Horacio Codutti |
| Tapenagá | 67 | 222,00 | Roberto A. Tourn |
| Colonia Aborigen | 77 | 129,66 | Albino Chará |
| Bajo hondo grande | 51 | 233,86 | Juan C. Chaikovsky |
| Bajo hondo chico | 52 | 144,61 | Juan R. Mikulas |
| La Chiquita | 41 | 175,38 | Juan C. Carrasco |
| Machagay | 25 | 423,97 | Mateo H. Zamora |
| Quitilipi | 7 | 336,52 | Ricardo Jepensen |
| Saenz Peña | 43 | 273,27 | Enrique Vir |

Fuente: DVP, 2012

# ANEXO IV. LEGISLACION COMAS

---

CAMARA DE DIPUTADOS – PROVINCIA DEL CHACO * C O D I G OD E A G U A S *
LEY N.3230 (T.A.) - DIRECCION DE INFORMACION PARLAMENTARIA

---

## LIBRO IX
## DE LAS COMISIONES DE MANEJO DE AGUA Y SUELO

ARTICULO 313: LAS COMISIONES DE MANEJO DE AGUA Y SUELO (COMAS) ESTARAN INTEGRADAS POR LOS PRODUCTORES, PROPIETARIOS O RESIDENTES EN LA JURISDICCION QUE SE DETERMINE PARA CADA UNA DE ELLAS, Y UN (1) REPRESENTANTE DEL O DE LOS MUNICIPIOS ESA MISMA JURISDICCION. FUNCIONARAN COMO PERSONAS JURIDICAS DE DERECHO PUBLICO NO ESTATALES TENDIENTES A ASEGURAR LA MAS RACIONAL Y PROVECHOSA UTILIZACION DEL AGUA PARA EL MEJOR EJERCICIO DE LOS USOS PREVISTOS EN ESTE CODIGO. LAS COMAS TENDRAN PERSONERIA PARA ACTUAR SIEMPRE QUE SE CONSTITUYAN EN LA FORMA Y EN LAS CONDICIONES ESTABLECIDAS POR EL PRESENTE CODIGO, Y FUNCIONARAN CONFORME A LAS DISPOSICIONES DEL MISMO Y DE LAS REGLAMENTACIONES QUE DICTE LA ADMINISTRACION PROVINCIAL DEL AGUA, LA CUAL EJERCERA FACULTADES JURISDICCIONALES DE CONTROL Y VIGILANCIA EN LA CONSTITUCION Y FUNCIONAMIENTO DE LAS MISMAS. EN LA JURISDICION QUE SE DETERMINE PARA LAS COMAS, DEBERA EXCLUIRSE LA SUPERFICIE CORRESPONDIENTE A LOS EJIDOS URBANOS QUE EXISTIERAN EN LAS MISMAS, LOS QUE SON DE COMPETENCIA MUNICIPAL.

ARTICULO 314.- SIN PERJUICIO DE LAS ATRIBUCIONES Y FACULTADES QUE LES SEAN CONFERIDAS EN OTROS CUERPOS LEGALES O REGLAMENTARIOS, LAS COMAS REPRESENTARAN A LOS USUARIOS ORGANIZADOS FRENTE A LA ADMINISTRACION PROVINCIAL DEL AGUA (AUTORIDAD DE APLICACION) EN TODO LO RELACIONADO CON LA APLICACION DEL SISTEMA NORMATIVO QUE REGULA LAS RELACIONES JURIDICO-ADMINISTRATIVAS QUE TENGAN POR OBJETO LOS RECURSOS HIDRICOS Y LAS OBRAS NECESARIAS PARA SU ADECUADO APROVECHAMIENTO DENTRO DEL TERRITORIO DE LA PROVINCIA DEL CHACO, Y ESPECIALMENTE LES CORRESPONDE DENTRO DE SU JURISDICCION:

A) ATENDER A LA CAPTACION DE AGUAS PARA EL SERVICIO DE LAS CONCESIONES Y PERMISOS DE SUS INTEGRANTES, POR MEDIO DE OBRAS PERMANENTES O TRANSITORIAS; A LA CONSERVACION Y LIMPIEZA DE LOS CANALES Y SISTEMAS DE DESAGUES Y DRENAJES; A LA CONSTRUCCION Y REPARACION DE LAS ADUCCIONES Y OBRAS DE ARTE ACCESORIAS Y A TODO LO QUE TIENDA AL GOCE COMPLETO Y CORRECTA DISTRIBUCION DE LOS DERECHOS DE AGUA SUS INTEGRANTES;

B) VELAR POR QUE SE RESPETEN LOS DERECHOS DE AGUA EN LAS DOTACIONES MAXIMAS INSTANTANEAS Y TURNOS Y VOLUMENES MAXIMOS, E IMPEDIRAN QUE SE USEN AGUAS SIN TITULO;

C) RECIBIR, INFORMAR Y PRESENTAR A LA ADMINISTRACION PROVINCIAL DEL AGUA, PREVIO DICTAMEN DEL COMITE DE CUENCA RESPECTIVO, LAS SOLICITUDES DE PERMISOS Y CONCESIONES DE DERECHOS DE USO DE AGUAS Y OTRAS AUTORIZACIONES ESTABLECIDAS EN ESTE CODIGO, DENTRO DE SU JURISDICCION; DISTRIBUIR LAS AGUAS, DAR A LOS DISPOSITIVOS LAS DIMENSIONES QUE CORRESPONDAN Y FIJAR LOS TURNOS CUANDO SEA OPORTUNO;

D) INFORMAR, A PEDIDO DE LA ADMINISTRACION PROVINCIAL DELAGUA, EL IMPACTO QUE PUEDAN PRODUCIR SOBRE LOS DERECHOSYA EXISTENTES, NUEVOS PERMISOS A CONCESIONES SOLICITADAS;

E) VIGILAR LAS INSTALACIONES DE FUERZA MOTRIZ U OTRAS Y ELCORRECTO EJERCICIO DE LAS SERVIDUMBRES;

F) MANTENER LA ESTADISTICA Y CONTROL DE CAUDALES QUE SE CONDUCEN POR LAS CONDUCCIONES;

G) REALIZAR PROGRAMAS DE EXTENSION PARA DIFUNDIR ENTRE SUS INTEGRANTES Y LA COMUNIDAD EN GENERAL, LAS TECNICAS Y SISTEMAS QUE TIENDAN A UN MEJOR EMPLEO DEL AGUA, CON CRITERIO CONSERVACIONISTA Y VINCULADO A LOS RESTANTES RECURSOS NATURALES, EN BASE A PAUTAS FIJADAS POR EL COMITE DECUENCA RESPECTIVO, PUDIENDO CELEBRAR CONVENIOS PARA ESTEOBJETO;

H) PONER EN CONOCIMIENTO DE LA ADMINISTRACION PROVINCIAL DEL AGUA CUALQUIER CIRCUNSTANCIA QUE ALTERE O MODIFIQUE, O SIGNIFIQUE UN PELIGRO REAL DE ALTERACION O MODIFICACION DEL REGIMEN HIDRICO EXISTENTE, TANTO EN RELACION A LADISPONIBILIDAD Y CALIDAD DEL AGUA, COMO A SUS EFECTOS NOCIVOS;

I) ENTREGAR LA INFORMACION HIDRICA QUE SOLICITE LA ADMINISTRACION PROVINCIAL DEL AGUA Y FACILITAR LOS MEDIOS PARA QUE LOS AGENTES DE TAL AUTORIDAD, DE LOS COMITES DE CUENCAS O DE OTROS ORGANISMOS PUBLICOS PUEDAN RECABARLA O RECOGERLA DIRECTAMENTE;

J) EN GENERAL, DESARROLLAR EN COORDINACION CON EL COMITE DECUENCA RESPECTIVO TODAS LAS ACTIVIDADES QUE SEAN NECESARIAS, A NIVEL DE USUARIOS, PARA UNA CORRECTA APLICACIÓN DEL PRESENTE CODIGO, LOS REGLAMENTOS QUE EN SU CONSECUENCIA SE DICTEN Y LAS RESOLUCIONES DE LA ADMINISTRACIONPROVINCIAL DEL AGUA;

K) HACER CUMPLIR A SUS INTEGRANTES LAS OBLIGACIONES QUE ESTE CODIGO, LOS REGLAMENTOS, LAS RESOLUCIONES DE LA AUTORIDAD DE APLICACION Y LOS ESTATUTOS LES IMPONEN:

L) BRINDAR APOYO DOCUMENTAL Y LOGISTICO A LA AUTORIDAD DEAPLICACION, SUS AGENTES Y DELEGADOS, CUANDO ESTOS CUMPLAN LA FUNCION DE POLICIA ADMINISTRATIVA;

M) REALIZAR EXPERIENCIAS PILOTO, DEMOSTRATIVAS DE LOS BENEFICIOS DE UN MANEJO CONJUNTO DE LOS RECURSOS NATURALES;

N) PRESTAR ASESORAMIENTO A LOS PRODUCTORES Y CONSTITUIRSE EN LOS VEHICULIZADORES DE TODA LA ASISTENCIA TECNICA VINCULADA CON EL MANEJO DEL AGUA CON FINES PRODUCTIVOS A NIVEL PARCELARIO; Y

Ñ) COLABORAR CON LA ADMINISTRACION PROVINCIAL DEL AGUA EN TODAS AQUELLAS INVESTIGACIONES TENDIENTES A DETERMINAR EL IMPACTO PRODUCTIVO DE DISTINTAS TECNICAS DE MANEJO DE AGUAS.

ARTICULO 315.- LA PROMOCION DE LAS COMAS PUEDE REALIZARSE DE OFICIO O A PETICION DE CUALQUIERA DE LOS USUARIOS EN UN CURSO DE AGUA Y SERA AUTORIZADO SIEMPRE QUE A JUICIO DE LA AUTORIDAD DE APLICACION RESULTE TECNICA Y ECONOMICAMENTE CONVENIENTE, ESPECIALMENTE PARA ASEGURAR EL BUEN REGIMEN HIDRAULICO, LA PROVISION DE AGUA POTABLE, PREVENCION DE INUNDACIONES Y CONSERVACION Y MEJOR APROVECHAMIENTO DE LOS SUELOS Y OTROS RECURSOS NATURALES RENOVABLES.

ARTICULO 316.- LA ADMINISTRACION PROVINCIAL DE AGUA FIJARA LOS LINEAMIENTOS GENERALES SOBRE EL MANEJO DEL AGUA EN LA JURISDICCION DE CADA COMITE DE CUENCA O PARA CADA COMAS EN CASO DE QUE AQUEL NO EXISTIERE. ASIMISMO QUEDA FACULTADA PARA CELEBRAR TODO TIPO DE CONVENIOS Y/O CONTRATOS CON LAS COMAS PARA EL DESARROLLO DE LAS ACCIONES QUE HAGAN AL CUMPLIMIENTODE SUS OBJETIVOS, DETERMINANDO EN CADA CASO EL APORTE ECONOMICO CON EL CUAL CONCURRIRA. LAS OBRAS QUE EJECUTE POR SI CADA COMAS DEBERA CONTAR CON LA APROBACION PREVIA DE LA ADMINISTRACION PROVINCIAL DEL AGUA, Y DEL COMITE DE CUENCA RESPECTIVO CUANDO SUS EFECTOS TRASCIENDAN SU

JURISDICCION. EN CASO DE CONFLICTOS, LA AUTORIDAD DE APLICACION TENDRA LA DECISION DEFINITIVA.

ARTICULO 317.- LA AUTORIDAD DE APLICACION, PODRA REUNIR EN COMAS OBLIGATORIO A TODOS O PARTE DE LOS USUARIOS DE UN CURSO O DEPOSITO DE AGUA PUBLICA.

ARTICULO 318.- CUANDO CONSTITUIDO UN COMAS RESULTEN INSCRIPTOS EN LA MISMA LA MAYORIA DE LOS USUARIOS O BENEFICIARIOS DE UNA DETERMINADA OBRA, LA AUTORIDAD DE APLICACION PODRA DISPONER LA PARTICIPACION OBLIGATORIA QUE CORREPONDA A QUIENES, NO HABIENDOSE INSCRIPTO, RESULTEN BENEFICIARIOS DE LA OBRA, COMO CONDICION PREVIA AL DISFRUTE DE LA MISMA Y CON EL OBJETO DE ASEGURAR LA DISTRIBUCION EQUITATIVA DE LOS COSTOS QUE ORIGINE SU CONTRIBUCION, OPERACION O MANTENIMIENTO.

ARTICULO 319.- EL O LOS PROMOTORES DE LAS COMAS DEBERAN AGREGAR A LA RESPECTIVA SOLICITUD, LOS SIGUIENTES DATOS Y DOCUMENTACION:

1.- OBJETO DE LAS COMAS;

2.- UN PLANO CON INDICACION DE LOS LIMITES DE LA ZONA HIDROGRAFICA Y LAS OBRAS A CONSTRUIR, EN LA FORMA QUE LO ESTABLECE LA REGLAMENTACION;

3.- LA NOMINA DE LOS USUARIOS QUE DEBEN FORMAR LA COMAS;

4.- UN PROYECTO DE DISTRIBUCION DE LOS GASTOS DE LAS INVERSIONES A EFECTUARSE;

5.- UN CUADRO DE LA FINANCIACION Y DETERMINACION DE LOS GASTOS A CARGO DE LA COMISION.

ARTICULO 320.- LAS COMISIONES DE MANEJO DE AGUA Y SUELO PARA SER RECONOCIDAS COMO TALES POR PARTE DE LA AUTORIDAD DE APLICACION, DEBERAN CONSTITUIRSE MEDIANTE ASAMBLEA PUBLICA DE PRODUCTORES, PROPIETARIOS Y/O RESIDENTES EN LA JURISDICCION, LA QUE SERA CONVOCADA Y PUBLICITADA CON 15 DIAS DE ANTICIPACION A TRAVES DE LOS MEDIOS DE DIFUSION ZONALES, LABRANDOSE ACTA EN LA CUAL CONSTE LA NOMINA DE PRODUCTORES ASISTENTES, LA JURISDICCION DE LA COMISION Y LAS AUTORIDADES QUE RESULTAREN ELECTAS. EL ACTA CITADA SERA REFRENDADA POR UN REPRESENTANTE DE LA AUTORIDAD DE APLICACION, QUIEN FISCALIZARA EL ACTO. EL ACTA DE ASAMBLEA CONSTITUTIVA SERA REMITIDA A LA AUTORIDAD DE APLICACION, PARA EL RECONOCIMIENTO E INSCRIPCION DE LA COMISION.

ARTICULO 321.- LAS COMISIONES DE MANEJO DE AGUA Y SUELO DEBERAN LLEVAR LIBROS DE ACTAS Y DE MOVIMIENTO DE FONDOS LOS QUE DEBERAN SERHABILITADOS POR LA AUTORIDAD DE APLICACION Y DEBIDAMENTE FOLIADOS, SELLADOS Y RUBRICADOS.

ARTICULO 322.- LA AUTORIDAD DE APLICACION TENDRA LIBRE ACCESO A LA FISCALIZACION DE LOS LIBROS MENCIONADOS EN EL ARTICULO 321.

ARTICULO 323.- LA AUTORIDAD DE APLICACION RECONOCERA LAS COMISIONES DE MANEJO DE AGUA Y SUELO QUE SE CONSTITUYAN DE ACUERDO A LO ESTABLECIDO EN EL PRESENTE CODIGO, Y LAS INSCRIBIRA EN UN REGISTRO ESPECIAL LLEVADO A TAL EFECTO.

ARTICULO 324.- LAS OBRAS QUE SE CONVENGAN O CONTRATEN CON LAS COMISIONES DE MANEJO DE AGUA Y SUELO PODRAN SER EJECUTADAS DIRECTAMENTE POR ELLAS MISMAS O CONTRATADAS POR TERCEROS YA SEA POR LICITACION O POR ADJUDICACION DIRECTA.

ARTICULO 325.- DENTRO DE LOS 120 DIAS CONTADOS A PARTIR DE LA VIGENCIA DEL PRESENTE CODIGO, LAS COMAS QUE ESTUVIERAN FUNCIONANDO CONFORME A LA LEY 2644, DEBERAN PROCEDER A SU REORGANIZACION A FIN DE ADECUARSE A LAS DISPOSICIONES DEL NUEVO CUERPO LEGAL.

PROVINCIA DEL CHACO
PODER EJECUTIVO

RESISTENCIA, 19 OCT. 1989

VISTO:

El Expediente Nro. 201.07.07.88-0238 "E", en el que se tramita el Reglamento de las Comisiones de Manejo de Agua y Suelo; y:

CONSIDERANDO:

Que resulta necesario y conveniente completar la reglamentación // del Código de Aguas para su real aplicación;

Que la Asesoría General de Gobierno no ha hecho observaciones legales al texto propuesto;

Que el Poder Ejecutivo está facultado por los Artículos 5° y 137°/ de la Constitución Provincial para el dictado de la norma propuesta;

EL GOBERNADOR DE LA PROVINCIA DEL CHACO

D E C R E T A :

ARTICULO 1°: APRUEBASE el Reglamento de las Comisiones de Manejo de Agua y Suelo creadas en el Código de Aguas y que como Anexo Nro. "1", forma parte del presente Decreto.

ARTICULO 2°: El Reglamento aprobado en el Artículo 1° del presente Decreto, tendrá vigencia a partir de los ciento veinte (120) días corridos, // contados a partir de la vigencia del Reglamento del Código de Aguas.

ARTICULO 3°: Comuníquese, dése al Registro Provincial, publíquese en forma sintetizada en el Boletín Oficial y archívese.

Dr. DANILO LUIS BARONI
PROVINCIA DEL CHACO

DECRETO NRO.: 1290

ANEXO NRO "1" AL DECRETO NRO: 1290

REGLAMENTO DE LAS COMISIONES DE MANEJO DE AGUA Y SUELO

CAPITULO I - DISPOSICIONES GENERALES

ARTICULO 1°: La constitución, funcionamiento, actividades y organización interna de las Comisiones de Manejo de Agua y Suelo, COMAS, se regirán por las disposiciones del Título IX del Código de Aguas y por las contenidas /en el presente Reglamento.

ARTICULO 2°: Compete a la Administración Provincial del Agua, (A.P.A.), en su calidad de Autoridad de Aplicación del Código de Aguas, el control y fiscalización de la constitución y funcionamiento de las COMAS, para lo cual deberá crear dentro de su estructura interna, una dependencia de nivel adecuado y dotada de los recursos humanos y materiales necesarios.

ARTICULO 3°: Las COMAS tienen las siguientes características generales comunes:
son asociaciones libres de productores, unidos por intereses comunes; no tienen finalidad de lucro, sino de servicio de sus asociados y de preservación y conservación de los recursos naturales y /el medio ambiente; representan los intereses de sus asociados frente al I.P.A. y/otros organismos públicos, autárquicos y privados; tienen personalidad jurídica y por lo tanto plena autonomía administrativa y financiera; no ponen límite estatutario al número de asociados, ni al capital; conceden un solo voto a cada asociado, cualquiera sea su aporte económico o el volumen de sus actividades productivas y no otorgan ventajas, ni privilegio alguno a los iniciadores, fundadores y consejeros; no tienen como fin principal ni accesorio la propaganda de ideas políticas, religiosas, de nacionalidad, región o raza, ni imponen condiciones de admisión vinculadas con ellas.

ARTICULO 4°: El área de jurisdicción de cada COMAS será fijado en la resolución que autorice su funcionamiento, a propuesta de la respectiva Comisión Organizadora.
Para su determinación, se deberá tener en cuenta no solamente la división político-administrativa de la Provincia, sino principalmente los criterios hídricos, especialmente de cuencas y sub-cuencas hidrológicas e hidrogeológicas. A proposición de la propia COMAS o de las autoridades de Gobierno/o municipales se podrá modificar la jurisdicción fijada, mediante resolución del Directorio del A.P.A.

ARTICULO 5°: Cada COMAS podrá adoptar un nombre que la identifique, además de número de orden que se le asigne en la resolución que autorice su funcionamiento. El referido nombre deberá ser aprobado por el A.P.A. no pudiendo ser: ninguno de los nombres ya adoptados por otras COMAS, o de tal manera semejante que pueda inducir a error; el nombre de personas naturales vivas, nacionales o extranjeras o el de personas jurídicas vigentes; palabras o frases que identifiquen partidos políticos, idolologías o religiones; palabras o frases que atenten contra la moral, las buenas costumbres o la legalidad vigente.

CAPITULO II - DE LOS MIEMBROS

ARTICULO 6°: Pueden ser miembros plenos de las COMAS: las personas naturales con capacidad legal que sean propietarias de predios agrícolas pecuarios y/o forestales o estable-cimientos industriales, mineros o comerciales, situados en el área de la respectiva jurisdicción. En caso de tratarse de comunidades o menores de edad, deberán ser legalmente representados; las personas naturales que, no siendo propietarios, exploten establecimientos agrícolas pecuarios y/o forestales, industriales, mineros o comerciales ubicados en el área de jurisdicción, a cualquier título legalmente constituido; las personas jurídicas de carácter privado que se encuentren/en cualquiera de las situaciones descriptas en los incisos anteriores, debiendo designar un procurador en la forma que corresponda, para que la represente en la COMAS.

ARTICULO 7°: La calidad de miembro pleno de una COMAS se adquiere por: participación en la respectiva Asamblea Constitutiva y firma del acta correspondiente; o solicitud de ingreso a una COMAS ya constituida, que acompañe la documentación probatoria de que el solicitante se encuentra en alguna de las situaciones descriptas en el artículo anterior y su calidad de representante legal cuando corresponda. No se podrá denegar el ingreso por cualquiera otra causa.

ARTICULO 8°: La calidad de miembro pleno de COMAS se pierde por: pérdida de la calidad de propietario o productor de predios o establecimientos situados en el área de jurisdicción; muerte de la persona natural, sin perjuicio de los derechos a ingresar de los respectivos herederos; por extinción de la persona jurídica; por renuncia, la que sólo será aceptada cuando la COMAS no haya sido declarada obligatoria de conformidad con los artículos317 y 318 del Código de Aguas y siempre que el renunciante esté al día en el pago de sus obligaciones directa o indirectamente relacionadas con la COMAS.

ARTICULO 9°: Los derechos y obligaciones de los miembros de las COMAS se fijarán en el respectivo estatuto, el cual deberá orientarse por las disposiciones del Código de Aguas y este Reglamento.

ARTICULO 10°: Los estatutos de cada COMAS podrán contemplar categorías de miembros honorarios o cooperadores, con derechos y deberes limitados en relación a los plenos.Estas categorías de miembros deben estar compuestas por residentes en la respectiva área de jurisdicción que por sus conocimientos, actividad o representatividad estén capacitados y dispuestos a contribuir al desarrollo de las actividades de la COMAS y al cumplimiento de sus objetivos, aunque no sean productores de los descriptos en el artículo 6° del presente.

CAPITULO III - DE LA CONSTITUCION

ARTICULO 11°: Una vez verificada la necesidad. o conveniencia de promover la organización de una COMAS en un área determinada, el Directorio del A.P.A., de oficio o a petición de por lo menos tres productores del área correspondiente, procederá a nombrar una comisión Organizadora, compuesta por cinco personas, una de las cuales debe ser un funcionario del A.P.A. y otro un representante de la respectiva Municipalidad. Esta Comisión tendrá a su cargo la coordinación y dinamización de las actividades organizativas, hasta la resolución que autorice definitivamente el funcionamiento regular de la nueva COMAS.

ARTICULO 12°: La Comisión Organizadora deberá estudiar los limites del área de jurisdicción de la COMAS en organización con el objeto de formular, oportunamente, la respectiva proposición. Luego procederá a empadronar los productores, propietarios o residentes, para lo cual podrá utilizar la información existente en el propio A.P.A., en el Ministerio de Agricultura y Ganadería o en cualquiera otra repartición pública.

ARTICULO 13°: Es también obligación de la Comisión, elaborar un proyecto de estatutos para lo cual podrá usar el Estatuto-tipo que le deberá proporcionar la A.P.A.

ARTICULO 14°: Preparará igualmente los datos y documentos especificados en el artículo 319 del Código de Aguas los que deberán entenderse de la siguiente forma:

"El objeto de la COMAS", como las metas concretas a corto plazo, especialmente en lo que se refiere a manejo hídrico y de suelos. "Los límites de la zona hidrográfica", como los deslindes del área de jurisdicción del COMAS en organización y "las obras a construir", aquellas de carácter hídrico que se estime necesario emprender, aunque no sea a corto plazo. "La nómina de los usuarios", como la lista de personas naturales o jurídicas que, cumpliendo los requisitos establecidos en el artículo 6° de este Reglamento, hayan expresado su voluntad de formar parte de la COMAS en organización. "El proyecto de distribución de los gastos y de las inversiones" como un presupuesto estimativo de erogaciones, divididos en gastos de capital y corrientes, para el primer año de funcionamiento. "El cuadro de la financiación y determinación de los gastosa cargo de la Comisión", como la parte del presupuesto señalado en el inciso precedente, correspondiente a ingresos.

ARTICULO 15°: Una vez preparado el empadronamiento, proyecto de estatuto, datos y documentos a que aluden los artículos que anteceden, la Comisión Organizadora procederá a convocar y citar a la Asamblea Pública de Constitución, mediante por lo menos 3 avisos publicados en uno o más diarios de circulación de la zona respectiva, el último de los cuales deberá anteceder por lo menos 15 días a la Asamblea convocada. Sin perjuicio de lo anterior la Comisión podrá utilizar otras medidas de convocatoria, tales como la radiodifusión, televisión, fijación de avisos, cartas, citaciones personales o cualquiera otra forma que estime conveniente. La convocatoria deberá mencionar claramente que se trata de una Asamblea Pública de constitución de una COMAS, hacer una referencia resumida al área de jurisdicción propuesta y la indicación precisa del lugar, fecha y hora en que se realizará.

ARTICULO 16°: Para que se pueda llevar a efecto la Asamblea Pública de constitución deberán estar presentes al menos el 33% de los productores empadronados. La Comisión podrá inscribir, antes de que se inicie la reunión, los productores que hayan sido omitidos en el empadronamiento y que acrediten el cumplimiento de los requisitos establecidos en el artículo 6° de este Reglamento.

ARTICULO 17°: La Asamblea será presidida por el representante del A.P.A. en la Comisión Organizadora, actuando como secretario el representante de la Municipalidad.

ARTICULO 18°: Se seguirá el siguiente Orden del día: lectura y confirmación de la nómina de productores empadro-nados, con mención de los presentes. Constatación del quórum de constitución; discusión y aprobación del área de jurisdicción propuesta; discusión y aprobación del proyecto de estatutos; discusión y aprobación de los datos y documentos a que se refiere el artículo 319 del Código de Aguas; elección de autoridades; mandato a las autoridades recién elegidas para aceptar las modificaciones que el A.P.A. sugiera en los Estatutos; lectura y aprobación del acta, la que deberá ser firmada por todos los presentes.

ARTICULO 19°: Si alguno de los asistentes objetare la calidad de productor con aptitud legal y reglamentaria para integrar la COMAS de alguno de los empadronados presentes, se abrirá un debate, en el que se permitirá un máximo de cuatro oradores y luego se procederá a votar, con exclusión del objetado. La parte vencida tendrá derecho a recurrir ante el Directorio del A.P.A. mediante constancia en el acta respectiva. La resolución respectiva será inapelable.

ARTICULO 20°: En las votaciones de la Asamblea de constitución no participarán el Presidente y el Secretario de la misma que sólo tendrán derecho a voz. En la elección de autoridades se observará el procedí-.miento fijado en los estatutos recién aprobados.

ARTICULO 21°: La Junta Directiva elegida deberá presentar a la Secretaría Ejecutiva del A.P.A. una solicitud de reconocimiento acompañando los siguientes documentos: acta de la Asamblea Pública de constitución, autenticada por el Presidente, y Secretario de la misma; constancia de los avisos de convocatoria publicados en la prensa; copia de los Estatutos aprobados; un plano con indicación de los límites del área de jurisdicción propuesta; la nómina de productores que integran la COMAS y aquellos empadronados que no se han adherido; un presupuesto estimativo de ingresos y erogaciones para/el primer año de funcionamiento; las cuentas de los gastos de constitución.

ARTICULO 22°: Verificado el cumplimiento de los requisitos legales y reglamentarios, la respectiva solicitud se someterá a la aprobación del Directorio del A.P.A. Si el Presidente del referido Directorio lo estima necesario podrá solicitar previamente la opinión al Consejo Asesor.

ARTICULO.23°: Si el A.P.A. estima que falta algún requisito o el Directorio ordena que se introduzca alguna modificación a los Estatutos, a los límites del área de jurisdicción o a cualquier otro documento; o se le proporcione información adicional, el Secretario Administrativo procederá a notificar la decisión al Presidente de la COMAS en formación.

En todo caso, el Directorio del A.P.A. sólo podrá ordenar modificaciones del Estatuto que tengan relación con disposiciones legales o reglamentarias en vigor. En las restantes materias sólo podrá hacer recomendaciones.
ARTICULO 24°: Una vez que la Junta Directiva de la COMAS en formación haya dado respuesta a las observaciones del I.P.A., el asunto debe ser tratado y resuelto en la reunión más próxima del Directorio.
ARTICULO 25°: La resolución denegatoria deberá expresar claramente los fundamentos del rechazo y será recurrible en conformidad con la legislación pertinente en vigor
ARTICULO 26°: La resolución aprobatoria deberá expresar: la individualización completa de la COMAS, con su número de orden y la denominación aprobada; la descripción completa y detallada del área de jurisdicción remitida a un plano, en el que se indicarán los deslindes; la mención de voluntaria u obligatoria, en su caso; la aprobación de los Estatutos, nómina de miembros y presupuesto; las contribuciones, aportes o subsidios que le sean dados, especialmente los referidos a los gastos de constitución; la fecha a contar de la cual la COMAS está autorizada para funcionar; la resolución de los eventuales conflictos de calificación de/miembros; la orden de que la resolución sea enviada al Registro de Aguas para los fines pertinentes; cualquiera otra mención que se estime conveniente o necesaria.
ARTICULO 27°: El Directorio del A.P.A. sólo podrá hacer uso de la facultad conferida por el artículo 317 del Código de Aguas, cuando existan obras hidráulicas públicas, en el área de jurisdicción de las respectivas COMAS, en la que participen como miembros plenos por lo menos el 60% de los productores empadronados.
ARTICULO 28°: El Directorio del I.P.A. podrá: modificar, a petición de la propia COMAS o de oficio, con previa audiencia de la Junta Directiva de la misma, los límites dela respectiva área de jurisdicción. intervenir las COMAS que por mal manejo estén en peligro grave patrimonial u operacional, por un período que no podrá excederse un año. Con tal objeto designará un funcionario con el carácter de Interventor el que deberá asumir las facultades de la Junta Directiva y proponer las medidas conducentes a la recuperación de la viabilidad de la COMAS. Una vez recuperada tal viabilidad deberá cesar la intervención mediante resolución del /Directorio del A.P.A. declarar extinta la COMAS que no reúna más del 20% de los productores empadronados del área respectiva; aprobar la disolución de la COMAS no obligatoria, acordada por las 2/3 partes de los miembros de las mismas.
ARTICULO 29°: El patrimonio de las COMAS disueltas o extintas pasará íntegramente a las COMAS limítrofes aguas arriba. En caso de no existir ninguna COMAS aguas arriba, el patrimonio pasará a las de aguas abajo.
CAPITULO IV - DE LAS AUTORIDADES
ARTICULO 30°: Las COMAS serán dirigidas por una Junta Directiva compuesta por un número de miembros no inferior a 3 ni superior a 7, de los/cuales necesariamente uno deberá ser Presidente, otro Secretario y un tercero Tesorero.
ARTICULO 31°: Deberá existir asimismo, una Comisión Revisora de Cuentas, compuesta por tres miembros, ninguno de los cuales puede ser miembro de la Junta Directiva en ejercicio.
ARTICULO 32°: Para ser miembro de la Junta Directiva o de la Comisión Revisora de cuentas se necesita: ser miembro pleno de la COMAS, con todas sus obligaciones al día; tener una antigüedad mínima de dos años como miembro pleno. Sin embargo este requisito no le será exigible a los productores que hayan participado en la Asamblea de constitución;
ser mayor de edad y tener plena capacidad jurídica; ser alfabeto; haber residido en el área de jurisdicción en la zona, por/lo menos durante los dos años anteriores a su elección.
ARTICULO 33': No podrá ser elegidos miembros de la Junta Directiva o Comisión Revisora de Cuentas y perderán su calidad de tales si la causa sobreviene durante su mandato: a) los cónyuges

o los parientes por consanguinidad o afinidad; por ascendencia o descendencia o hasta el cuarto grado por la línea colateral de otros miembros de la Junta Directiva o de la Comisión Revisora de Cuentas de la misma COMAS o de dirigentes del A.P.A. hasta Jefe de Departamento inclusive; los fallidos por quiebra culpable o fraudulenta, hasta diez años después de su rehabilitación y los fallidos por quiebra casual o los concursados, hasta cinco años después de su rehabilitación; los administradores, directores o miembros de junta, consejos u otros organismos directivos de COMAS, Asociaciones o Federaciones de COMAS, Cooperativas o Sociedades cuya conducta se calificare de culpable o fraudulenta, hasta diez/años después de su rehabilitación; los condenados con accesoria de inhabilitación de ejercer/cargos públicos, los condenados por hurto, robo, defraudación, cohecho y delitos contra la fe pública o cometidos en la constitución y liquidación de sociedad. En todos los casos hasta diez años después de la fecha de la respectiva sentencia.

ARTICULO 34°: Los miembros de la Junta Directiva y de la Comisión Revisora de Cuentas serán elegidos en Asamblea General, de conformidad con el procedimiento establecido en el Capítulo V de este Reglamento. Durará dos años en Sus funciones pudiendo ser reelegidos indefinidamente por períodos iguales y sucesivos

ARTICULO 35: Los miembros de la Junta Directiva y de la Comisión Revisora de Cuentas cesarán en sus funciones por: pérdida de la calidad de miembros plenos de la COMAS; renuncia fundada, aceptada por la Asamblea General; c) censura, presentada por lo menos por dos integrantes de la Junta Directiva o Comisión Revisora de Cuentas o por cinco miembros plenos de la COMAS y aprobada por mayoría absoluta en una Asamblea General, convocada especialmente al efecto, a la que deberán asistir por lo menos el 75% de los miembros plenos de/la COMAS.

ARTICULO 36°: La Asamblea General, compuesta por la COMAS, es el organismo superior y el único con competencia para: a) elegir y remover a los miembros Revisora de Cuentas y cualquier otro organismo que establezcan los Estatutos; b) aprobar y modificar los Estatutos; c) aprobar los presupuestos anuales y las rendiciones de cuentas; d) disolver la COMAS.

ARTICULO 37: En los respectivos Estatutos se deberán contemplar disposiciones y reglas sobre: composición de la Junta Directiva y sus atribuciones y deberes; funciones, atribuciones y deberes de los diferentes cargos de/la Junta Directiva; los sistemas de substitución en caso de ausencia o impedimentos; las funciones, atribuciones y obligaciones de la Comisión Revisora de Cuentas; la competencia de las Asambleas Generales y las materias reservadas a las extraordinarias; frecuencias, convocatorias, citaciones, quórum y funcionamiento de las reuniones de la Asamblea General, Junta Directiva y Comisión Revisora de Cuentas.

ARTICULO 38°: En los referidos Estatutos se podrán contemplar normas sobre: otros órganos de dirección o trabajo, en especial Comisiones Permanentes o Temporales, grupo de trabajo o cualquier otro sistema colegiado o impersonal; fijación de gastos de representación para los dirigentes que deban cumplir funciones para la COMAS que demanden desembolsos de cantidades apreciables de dinero; sistemas internos de control o rendición de cuentas, entre los diversos organismos, de la Junta Directiva, Comisión otro organismo que se establezcan.

CAPITULO V - DE LAS ELECCIONES. SECCION I: REGLAS COMUNES

ARTICULO 39°: Todas las elecciones de autoridades de la COMAS deberán efectuarse en las Asambleas Generales y sólo tendrán derecho a voto los miembros plenos de ella, que estén al día en el cumplimiento de sus obligaciones.

ARTICULO 40°: Se podrá aceptar, siempre que así se disponga en los Estatutos, el voto por poder, pero en ningún caso se pueden acumular más de dos votos, contando el propio, en ningún miembro.

ARTICULO 41°: Salvo el caso contemplado en el artículo anterior, cada miembro /pleno tendrá derecho a un solo voto, sea cual sea su calidad, antigüedad o el volumen de su actividad o derechos de uso de aguas.

ARTICULO 42°: Las elecciones se harán cargo a cargo, en la forma que se señala más adelante y en el momento de su inicio asumirán la Presidencia y Secretaria de la respectiva Asamblea, los funcionarios del A.P.A. designados con tal objeto por el Directorio de la Institución.

SECCION II: DE LOS CANDIDATOS

ARTICULO 43°: La presentación de candidatos se hará en la misma Asamblea en que se llevará a efecto la elección. La presentación será nominal, no aceptándose listas, ni siquiera en el momento de su fundamentación.

ARTICULO 44°: Los candidatos propuestos podrán no aceptar la nominación debiendo la propia Asamblea calificar los fundamentos, pudiendo rechazarlos si no los encontrare atendibles.

ARTICULO 45°: Cualquier miembro de la COMAS presente en la Asamblea podrá impugnar una nominación, basándose en que el candidato no cumple /los requisitos del articulo 30 o está afectado por las inhabilidades del artículo 31, ambos del presente Reglamento. La Asamblea resolverá, dejándose constancia en acta del reclamo la parte vencida, si lo hubiere.

ICULO 46°: El Presidente podrá limitar el número de intervinientes para avalar o impugnar candidaturas y el tiempo de cada intervención. Una vez que no haya más candidatos a presentar, ni oradores inscriptos se pasará a cuarto intermedio con el objeto de preparar las respectivas cédulas, tantas como votaciones se deban efectuar.

SECCION III: DE LA VOTACION Y ESCRUTINIO

ARTICULO 47°: Si para un determinado cargo no hubiese más que un solo candidato se declarará inmediatamente elegido, sin más trámite. Si no hubiese ninguno, se entenderá prorrogado por un nuevo período el mandato del actual dirigente.

ARTICULO 48°: El Secretario llamará a votar a los miembros presentes, debiendo/el votante depositar la respectiva cédula, doblada de forma que no sea posible distinguir su preferencia, en una caja o urna dispuesta al efecto.

ARTICULO 49°: Se procederá de la siguiente forma: en una primera votación se elegirá al Presidente; en la segunda al Secretario; en la tercera al Tesorero; en la cuarta a los Vocales, en la quinta a los miembros de la Comisión Revisora de Cuentas. Si los Estatutos contemplan cargos de Vicepresidente, Prosecretario o Protesorero, serán elegidos los candidatos que obtengan el segundo lugar en las elecciones de Presidente, Secretario y Tesorero, respectivamente. Si los Estatutos establecen otros cargos en la Junta Directiva y otros organismos se harán votaciones especiales para cada uno de ellos.

ARTICULO 50°: Una vez recibido los votos en cada una de las votaciones y antes de pasar a la segunda, se procederá a abrir la caja o urna y se abrirá cada cédula leyendo en voz alta la respectiva preferencia. Terminado el recuento el Secretario leerá el resultado. En caso de reclamaciones se procederá a un nuevo recuento.

ARTICULO 51°: Resultará elegido para el cargo respectivo el candidato que reciba, al menos, la mitad más uno de los votos válidamente emitidos. Si ninguno de los candidatos obtuviere tal mayoría se repetirá la votación, circunscripta a los dos candidatos que obtengan las más altas votaciones.

ARTICULO 52°: Se estimarán nulas y no serán escrutadas para ningún candidato las- cédulas que: contengan más de una preferencia; contengan nombres o frases que no sean las oficiales; no tengan claramente expresada la preferencia; Los votos que no contengan preferencia serán considerados blancos, y sumados al candidato que obtenga la más alta votación, para los efectos de lo dispuesto en el artículo anterior

ARTICULO 53°: De todo el proceso eleccionario se levantará un acta que será firmada por los funcionarios del I.P.A. que actuarán como Presidente y Secretario, y los asistentes de la Asamblea que lo deseen. Cualquier miembro presente podrá solicitar constancia en la referida acta y formular reclamos contra el proceso.

ARTICULO 54°: Copia del acta, debidamente autenticada, será enviada al A.P.A. El Directorio procederá a pronunciarse sobre ella, calificando la elección como válida u ordenando su repetición si procediere. Contra la respectiva resolución cabrá el recurso de reclamación /'de conformidad con la legislación vigente.

CAPITULO VI - DEL FUNCIONAMIENTO. SECCION I: DE LAS OBRAS HIDRÁULICAS

ARTICULO 55°: La COMAS podrá: a) construir, reparar o ampliar por su cuenta, con fondos propios o con financiamiento o subsidios parciales o totales, obras hidráulicas privadas, dentro del área de su jurisdicción; b) contratar con el A.P.A. la construcción, reparación o ampliación de obras hidráulicas públicas. En cualquiera de los casos podrá ejecutar la obra directamente, por el sistema de administración o subcontratando con terceros. Compete a las COMAS la operación y mantenimiento de las obras hidráulicas privadas de interés de sus asociados dentro del área den, así como las públicas que le sean entregadas en administración. Tendrá derecho por lo tanto a cobrar y percibir los respectivos costos de operación y mantenimiento que deban pagar los usuarios, miembros de la COMAS.

ARTICULO 56°: En cualquiera de los casos podrá ejecutar la obra directamente, por el sistema de administración o subcontratando con terceros.

ARTICULO 57°: Compete a las COMAS la operación y mantenimiento de las obras hidráulicas privadas de interés de sus asociados dentro del área de su jurisdicción, así como las públicas que le sean entregadas en administración por el A.P.A. Tendrá derecho por lo tanto a cobrar y percibir las respectivas cuotas de los costos de operación y mantenimiento que deban pagar los usuarios, aunque no sean miembros de la COMAS.

ARTICULO 58°: Para el cumplimiento de los objetivos señalados en los artículos anteriores las COMAS podrán: adquirir y mantener equipos y herramientas; contratar personal profesional, técnico o administrativo y mano de obra permanente o temporal que sea necesaria; contratar o subcontratar con terceros la ejecución de parte .c4de la totalidad del trabajo; alquilar maquinarias y contratar proyectos y estudios; en general, ejecutar cualquier acción y suscribir cualquier acto jurídico que sea necesario para el cabal cumplimiento de sus fines.

SECCION II - DE LA EXTENSION

ARTICULO 59°: Las COMAS deberán procurar la asistencia técnica necesaria para el cumplimiento de sus objetivos relacionados con el manejo, desarrollo, conservación y preservación de los recursos naturales, especialmente suelo y agua, y del medio ambiente en general.

ARTICULO 60°: Además de la acción que deberá desarrollar en esta materia el A.P.A., las COMAS podrán: contratar estudios, proyectos, asistencia en materias determinadas tales como uso de plaguicidas o fertilizantes o cualquier otra acción de asistencia; patrocinar cursos, charlas, seminarios o reuniones de estudios y extensión; organizar visitas de intercambios con otras COMAS o de estudios a centros u organismos de interés; procurar becas de perfeccionamiento para sus miembros o personal; publicar folletos, manuales o guías para uso de sus miembros; realizar cualquiera otra actividad con los objetivos mencionados.

SECCION III - DE LOS LITIGIOS Y SANCIONES

ARTICULO 61°:: La Junta Directiva de las COMAS tendrá facultades para resolver los litigios y controversias entre sus asociados, siempre que así lo dispongan sus estatutos, en materia de: ejercicio del derecho de uso de las aguas; utilización, operación y mantenimiento o de protección y de defensa; derrames, desagües y drenajes de aguas sobrantes; ejercicio de servidumbres hídricas, civiles o administrativas; acciones de deterioro ambiental o que afecten a los recursos naturales; en general, derechos y obligaciones establecidos en el Código de Aguas y su reglamentación .

ARTICULO 62°: En el ejercicio de esta facultad, la Junta Directiva actuará como arbitrador o amigable componedor, siéndole aplicables las normas contenidas en la legislación en vigor sobre la materia.
ARTICULO 63°: Contra los laudos de la Junta Directiva cabrán los recaudos legales pertinentes.
ARTICULO 64°: La Junta Directiva podrá aplicar a los miembros de la COMAS que falten a las obligaciones que les imponen los respectivos Esta-tutos y previa audiencia del infractor, cualquiera de las siguientes sanciones; amonestación verbal o por escrito; multa de hasta 10 cuotas sociales, si las hubiere o hasta 4veces el sueldo mínimo vital y móvil, si no las hubiere; suspensión de sus derechos sociales hasta por 2 meses.
ARTICULO 65°: En la aplicación de la sanción, la Junta Directiva deberá tener en consideración las circunstancias del caso, las personales del infractor, la gravedad de los hechos y los peligros o daños causados. En caso de reincidencia se podrá aplicar la pena anterior duplicada o aplicar la siguiente en importancia según la escala del artículo anterior.
ARTICULO 66°: El sancionado podrá apelar de la resolución ante la Asamblea General, pero deberá consignar previamente el valor de la multa,/si esa fuese la sanción aplicada o depositar un valor equivalente a la multa/máxima, si la sanción fuese de suspensión de sus derechos.

CAPITULO VII - DEL PATRIMONIO Y CONTABILIDAD

ARTICULO 67°:El patrimonio de las COMAS estará constituido por los bienes muebles o inmuebles y los derechos que adquiera por sí, a cualquier título o le sean transferidos por terceros.
ARTICULO 68°: Constituyen ingresos de las COMAS: las contribuciones de sus integrantes, según lo dispongan sus estatutos; las cuotas de operación y mantenimiento por utilización de obras hidráulicas bajo su administración; la contribución de los particulares, para la construcción, reparación o ampliación de obras hidráulicas, ejercida por la COMAS respectiva con fondos propios; las cuotas de mantenimiento y operación fijadas para las
obras hidráulicas propias; las contribuciones especiales que se acuerden para la ejecución de trabajos, proyectos o estudios; los subsidios o aportes estatales; las donaciones hechas por personas naturales o jurídicas, sean estas últimas de carácter público o privado, o de organismos internacionales; las herencias o legados que se les acuerden; el producto de los bienes propios.
ARTICULO 69°: El Directorio del A.P.A., a proposición de la Dirección que tenga a su cargo las finanzas de la institución, aprobará la forma en que deberá ser llevada la contabilidad de cada COMAS y los libros de movimiento de fondos que deberán ser llevados.
ARTICULO 70°: La fiscalización de los referidos libros y de la contabilidad a que tiene derecho el A.P.A., deberá ser ejercida de modo de no/entorpecer ni dificultar la actividad de la COMAS y deberá ser orientada con/un fin más educativo que de contralor.

CAPITULO VIII - DE LAS ASOCIACIONES Y FEDERACIONES. SECCION I: DE LAS ASOCIACIONES

ARTICULO 71°: Dos o más COMAS que tengan intereses comunes en un proyecto, aprovechamiento u obra hidráulica, podrán asociarse con el objeto de ejecutar, mantener u operar en común el proyecto u obra referido.
ARTICULO 72°: El respectivo contrato de asociación deberá especificar: la obra o proyecto a ser realizado en común, referido a documentos y especificaciones técnicas que se entenderán formando parte del contrato; la forma y procedimientos a ser usados para la realización dela obra o proyecto en común; el órgano a cargo del control y dirección de la obra, o proyecto, el que debe estar formado paritariamente por representantes de todas las COMAS intervinientes; el costo, forma de financiamiento y demás aspectos financieros; cualquiera otra materia que se estime necesaria para la cabal comprensión del trabajo y su correcta ejecución.
ARTICULO 73°: El respectivo contrato deberá ser previamente autorizada por el Directorio del A.P.A. y luego deberá ser confeccionada la respectiva escritura pública, la que deberá ser firmada por los representantes de las COMAS intervinientes.

ARTICULO 74°: El A.P.A. tendrá sobre estas asociaciones las mismas facultades de control y fiscalización que el Código de Aguas y este Reglamento le entregan en relación a las COMAS.

SECCION II: DE LAS FEDERACIONES.

ARTICULO 75°: Las COMAS establecidas en una zona determinada, en especial una cuenca o subcuenca hidrológica o hidrogeológica, podrán federarse con el objeto de: construir, mantener, operar, ampliar o mejorar obras hidráulicas públicas de interés común; realizar estudios, proyectos o prospecciones que beneficien el uso, manejo, preservación o conservación de los recursos naturales y el medio ambiente de la zona; contratar personal profesional o técnico para el servicio de las COMAS federadas; adquirir equipo técnico, instrumentos, herramientas e insumos para el uso y consumo de las COMAS federadas; realizar actividades de asistencia técnica, capacitación profesional, extensión y divulgación entre los productores de la zona; introducir nuevas tecnologías para optimizar el uso, preservación y conservación de los recursos naturales y el medio ambiente; realizar cualquiera otra actividad relacionada con el uso, aprovechamiento, preservación y conservación de los recursos naturales y el medio ambiente y que sea un beneficio para los productores de la zona.

ARTICULO 76°: La constitución, organización y financiamiento de estas Federaciones estarán regidas por las normas establecidas en este Reglamento para las COMAS, con las debidas adaptaciones y las modificaciones contenidas en los artículos siguientes.

ARTICULO 77°: Las federaciones se constituirán en una reunión, especialmente convocada al efecto, de todas las Juntas Directivas de las COMAS de la zona, la que podrá ser citada por lo menos por dos Presidentes y previa autorización del A.P.A., el que nombrará un representante que presidirá la reunión.

ARTICULO 78°: Para constituir la Federación deberán estar representadas, con /al menos dos de sus miembros, las 2/3 partes de las Juntas Directivas de las COMAS existentes en la región.

ARTICULO 79°: La Federación elaborará y aprobará sus propios estatutos, los que deberán contener, entre otras menciones: la denominación de la Federación; sus objetivos concretos, a corto, mediano y largo plazo, los que deberán ser concordantes con las disposiciones legales y reglamentarias sobre la materia; la forma y requisitos de ingreso de nuevas COMAS a la Federación; las autoridades de la Federación, que deberán estar constituidas, al menos, por un Consejo Directivo, integrado por un mínimo de 3 representantes de cada COMAS y un Comité Ejecutivo de 3 miembros por lo menos, de los cuales uno llevará el título de Presidente. El Comité Ejecutivo deberá ser elegido por el Consejo Directivo. El Directorio del A.P.A deberá aprobar un Estatuto-tipo que servirá de guía para la elaboración de los estatutos de las federaciones.

ARTICULO 80°: Una vez aprobado la constitución de una Federación por el Directorio del A.P.A., ésta tendrá personería jurídica, con idénticas facultades, obligaciones y derechos que el Código de Aguas y su reglamentación/le atribuyan a las COMAS.

CAPITULO IX - DISPOSICIONES FINALES Y TRANSITORIAS

ARTICULO 81°: El Directorio del A.P.A deberá aprobar dentro de los 120 días a contar de la fecha de su integración, un Estatuto-tipo para las COMAS, el que deberá especificar las disposiciones obligatorias y facultativas.

ARTICULO 82°: Las COMAS en actual funcionamiento y organizadas de conformidad con la Ley 2644, podrán seguir actuando en igual forma y sólo podrán ser sancionadas, si no se hubiere adecuado a las disposiciones del Código de Aguas y de este Reglamento, dentro de los 180 días siguientes a la fecha de aprobación del Estatuto-tipo a que se refiere el artículo anterior.

ARTICULO 83°: Comuníquese, Dése al registro Provincial. Publique en forma sintetizada y Archívese.

Printed by Books on Demand GmbH, Norderstedt / Germany